A. Heyting

Mathematische Grundlagenforschung Intuitionismus Beweistheorie

Reprint

Springer-Verlag Berlin Heidelberg GmbH 1974

AMS-Subject Classifications (1970) 02-02, 02D55, 02E05

ISBN 978-3-540-06298-1   ISBN 978-3-642-65617-0 (eBook)
DOI 10.1007/978-3-642-65617-0

© Copyright 1934 by Springer-Verlag Berlin Heidelberg
Ursprünglich erschienen bei Julius Springer in Berlin 1934
Library of Congress Catalog Card Number 73-10718

ERGEBNISSE DER MATHEMATIK
UND IHRER GRENZGEBIETE

HERAUSGEGEBEN VON DER SCHRIFTLEITUNG
DES
„ZENTRALBLATT FÜR MATHEMATIK"
DRITTER BAND
4

MATHEMATISCHE GRUNDLAGENFORSCHUNG INTUITIONISMUS · BEWEISTHEORIE

VON

A. HEYTING

Springer-Verlag Berlin Heidelberg GmbH
1934

Inhaltsverzeichnis.

Dritter Abschnitt.
Andere Standpunkte.

Vierter Abschnitt.
Mathematik und Naturwissenschaft.

Einleitung.

In den letzten Jahrzehnten hat sich das Interesse an der Grundlegung der Mathematik immer gesteigert. Fanden früher die wenigen Forscher, die sich ernsthaft mit dieser Frage beschäftigten, wenig Beachtung, heute ist die Teilnahme sowohl von mathematischer wie von philosophischer Seite fast allgemein. Zu diesem Umschwung hat sicher die CANTORsche Mengenlehre, die gleich nach ihrem Entstehen lebhafte Erörterungen über ihre Berechtigung hervorrief, den Anstoß gegeben, und besonders die bei rücksichtsloser Durchführung ihrer Grundgedanken auftretenden Widersprüche zogen die allgemeine Aufmerksamkeit auf sich. Doch ist die bisweilen noch geäußerte Behauptung, der Zweck der Grundlagenforschung liege in der Beseitigung der Widersprüche, verfehlt. In philosophischer und in mathematischer Richtung geht diese weit über eine solche Zielsetzung hinaus. Philosophisch untersucht man das Wesen der mathematischen Erkenntnis, ihre Voraussetzungen und Endziele, ihr Verhältnis zu anderen Wissensgebieten, insbesondere der Physik, und ihre Abgrenzung gegen diese dem Inhalt und der Methode nach. An diese philosophischen Erörterungen schließen sich umfangreiche mathematische Untersuchungen über den Aufbau der Mathematik aus den philosophisch gegebenen Voraussetzungen und über die Struktur der mathematischen Beweisführungen. Einzelne Teilgebiete dieser Untersuchungen entwickeln sich schon zu selbständigen Disziplinen, die sich in ihren Methoden und Problemstellungen von der eigentlichen Grundlagenforschung unabhängig machen; ein Beispiel eines solchen neuen Zweiges der Mathematik, der sein Entstehen der Grundlagenforschung verdankt, ist die mathematische Logik.

Allmählich haben sich drei Hauptrichtungen gebildet, die je einer eigenen Auffassung über das Wesen der Mathematik entsprechen und je zu verschieden gearteten mathematischen Untersuchungen geführt haben.

Nach der *logistischen* Auffassung ist die Mathematik ein Zweig der Logik. Es entstanden so die mathematischen Probleme, erstens die Logik exakt aufzubauen, zweitens die Mathematik aus der Logik wirklich zu entwickeln. An diesen formalen Aufbau schließen sich dann die „mathematischen" Untersuchungen an, in denen der formale Apparat an sich, ohne Rücksicht auf seine inhaltliche Bedeutung, auf seine Struktur untersucht wird. Gerade diese metamathematischen Untersuchungen fangen an, sich zu selbständigen Disziplinen zu entwickeln.

Nach *formalistischer* Auffassung ist die eigentliche Mathematik rein formaler Art; es wird aber großes Gewicht gelegt auf die metamathematische Betrachtung der formalen Mathematik, durch die insbesondere die Widerspruchsfreiheit (in einem speziellen, genau festzulegenden Sinn) des formalen Systems sichergestellt werden soll.

Nach *intuitionistischer* Auffassung hat die Mathematik inhaltliche Bedeutung und entsteht sie durch eine konstruktive Tätigkeit unseres Verstandes. Der wirkliche Aufbau der Mathematik auf dieser Grundlage ist ein gewaltiges Problem; es zeigt sich, daß nicht dem ganzen Bestand der klassischen Mathematik ein solcher inhaltlicher Sinn zugeschrieben werden kann.

In diesem Referat behandle ich die mathematische Grundlagenforschung nach der intuitionistischen und der formalistischen Richtung. Es ist offenbar unmöglich, auf diesem Gebiet die philosophischen und die mathematischen Betrachtungen voneinander zu trennen. Im Gegenteil bin ich bei der Begrenzung des Stoffes von der engen Verbindung der Philosophie mit der Mathematik ausgegangen. Nach der philosophischen Seite habe ich mich auf das für das Verständnis der mathematischen Probleme Notwendigste beschränkt; von den mathematischen Problemen behandle ich nur diejenigen, die noch deutlich mit der Antwort auf die Frage: „Was ist Mathematik?" zusammenhängen.

Nicht behandelt sind *erstens* der logistische Aufbau der Mathematik, *zweitens* die Probleme der reinen Logik, wie das „Entscheidungsproblem", *drittens* die allgemeinen metamathematischen Untersuchungen, die ganz beliebige Kalküle zum Gegenstand nehmen. Ein besonderes Referat hierüber ist für diese Sammlung geplant.

Erster Abschnitt.

Intuitionismus.

§ 1. Einleitung. Der Einfluß von Poincaré.

Zu den Intuitionisten rechnen wir diejenigen Mathematiker, die den folgenden Grundsätzen zustimmen:

1. Mathematik hat nicht bloß formale, sondern auch inhaltliche Bedeutung.

2. Die mathematischen Gegenstände werden von dem denkenden Geist unmittelbar erfaßt; die mathematische Erkenntnis ist daher von der Erfahrung unabhängig.

Als Vorläufer der heutigen Intuitionisten kann Poincaré betrachtet werden. In dem ersten seiner bekannten philosophischen Bücher [1] vertritt er die Meinung, daß die mathematische Induktion, d. h. der Beweis durch rekurrierendes Verfahren, sich uns mit Notwendigkeit aufzwingt, weil er nur eine Betätigung einer Eigenschaft unseres Verstandes ist. Später [3] dehnt er die inhaltliche Bedeutung auf andere mathematische Begriffe aus: „Wenn man den mathematischen Gedanken auf eine leere Formel zurückführt, wird er sicher verstümmelt.'' Die Bestrebungen der Formalisten, die mathematische Induktion durch den Beweis ihrer Widerspruchsfreiheit zu rechtfertigen, bekämpfte er durch die Bemerkung, daß man bei diesem Beweis gezwungen sein wird, eben dieses Prinzip der vollständigen Induktion oder ein gleichwertiges Prinzip zu benutzen. Für andere mathematische Gegenstände als natürliche Zahlen läßt er aber den Widerspruchsfreiheitsbeweis als Existenzbeweis gelten. Die Gegenstände einer mathematischen Theorie existieren für ihn, wenn die Axiome der Theorie zu keinem Widerspruch führen können. Allerdings betrachtet er die Widerspruchsfreiheit der Lehre von den natürlichen Zahlen als durch ihre intuitive Klarheit gewährleistet; dadurch wurde es möglich, sie für andere Axiomensysteme, wie dasjenige der Geometrie, durch Berufung auf die Arithmetik zu beweisen, wie es von Hilbert in seinen ersten axiomatischen Arbeiten ausgeführt worden ist. Indem Poincaré die Notwendigkeit der Intuition und den intuitiven Charakter der elementaren Arithmetik behauptete, war er Vorläufer der Intuitionisten; durch die Gleichsetzung von Existenz mit Widerspruchsfreiheit hat er die Hilbertsche Beweistheorie vorbereitet. So findet man die Spuren seiner Gedanken in verschiedenen Richtungen der modernen Grundlagenforschung wieder. Wichtig sind auch seine Untersuchungen über den Zusammenhang der Mathematik, insbesondere der Geometrie, mit der Erfahrung (Abschnitt IV, § 1).

Der zweite Grundsatz läßt zweierlei Auffassung zu. Man kann den mathematischen Gegenständen eine Existenz an sich, d. h. unabhängig von unserem Denken, zuschreiben; auf ihre Existenz kann aber von uns nur geschlossen werden durch Konstruktion, wobei der an sich schon existierende Gegenstand von uns nachgebildet wird und erst dadurch für uns erkennbar wird. Wir wollen diese Auffassung als halbintuitionistisch bezeichnen. Einen Ansatz zu ihrer Durchführung hat KRONECKER gemacht [1]; dieselbe Auffassung liegt im wesentlichen den Theorien der französischen sog. Realisten oder Empiristen (BOREL, LEBESGUE, BAIRE) und auch derjenigen des Wiener Philosophen F. KAUFMANN zugrunde. Ähnliche Auffassungen sind u. a. von SKOLEM [1] und von RICHARD [1] vertreten worden.

Die zweite Möglichkeit wird von BROUWER vertreten, der den mathematischen Gegenständen jede von dem Denken unabhängige Existenz abspricht oder wenigstens die Überzeugung einer solchen Existenz als mathematisches Beweismittel für unberechtigt hält.

§ 2. Die französischen Halbintuitionisten.

Über die Gedanken der „Empiristen" liegt keine zusammenfassende Darstellung vor. Ihre vielen, oft in losem Zusammenhang gemachten Bemerkungen widersprechen sich mehrmals; die Meinungen ihrer Anhänger bilden einen allmählichen Übergang von den „Idealisten" wie HADAMARD zu den extremen „Realisten" oder „Empiristen" wie BAIRE. Oft trifft uns ein stark opportunistischer Einschlag derart, daß diejenigen Begriffe als zulässig betrachtet werden, die sich als nützlich für die Entwicklung der Wissenschaft erweisen (z. B. LUSIN [1], S. 324; BOREL [1], S. 144 oben). Am ausführlichsten haben BOREL [1, 3] und LUSIN [1] ihre Gedanken auseinandergesetzt.

1. Endliche Definierbarkeit. Eine wichtige Rolle spielt in der Kritik dieser Gelehrten der Begriff der endlichen Definierbarkeit. Die Existenz eines Gegenstandes wird nur dann als gesichert betrachtet, wenn er mittels einer endlichen Anzahl von Wörtern definiert werden kann. Man soll hier nicht an irgendeine Form des Nominalismus denken; es liegt wohl die Auffassung zugrunde, daß ein endlicher Denkvorgang sich auch sprachlich in endlicher Form manifestieren muß und umgekehrt, so daß endliche Definierbarkeit nichts anderes bedeutet als endliche Konstruierbarkeit.

Die Kritik von BOREL wurde angeregt durch die ZERMELOsche Axiomatik der Mengenlehre, die er inhaltlich auffaßte; sie richtete sich im Anfang vornehmlich gegen das Auswahlaxiom ([1], S. 147). Es glaubt wohl niemand an die Möglichkeit, die „Auswahlmenge" in jedem Fall wirklich herzustellen (FRÄNKEL [5], S. 81 f.); daher ist das Axiom, inhaltlich verstanden, mit dem soeben beschriebenen Existenzbegriff unverträglich. Diese Bemerkung gab den Mathematikern BOREL, HADAMARD, BAIRE und LEBESGUE Veranlassung, ihre sicher schon öfters mündlich ausgesprochenen Gedanken über diese und verwandte Fragen zu veröffentlichen; dabei zeichnete sich die „idealistische" Auffassung HADAMARDS gegen die „realistische" der übrigen ab (BOREL [1], S. 150 bis 160). LEBESGUE hat, in direkter Anknüpfung an diese Diskussion, vorgeschlagen, die Mathematik auf die „nennbaren" (nommable) Gegenstände zu beschränken; nennbar heißt individuell charakterisierbar. Diese Forderung geht viel weniger weit als die der Konstruierbarkeit.

2. Natürliche Zahlen. In Anlehnung an POINCARÉ betrachtet BOREL die Reihe der natürlichen Zahlen als jedem Mathematiker in genügender Klarheit gegeben, um Mißverständnisse unmöglich zu machen. In dieser Intuition der natürlichen Zahlen ist die Beweismethode der vollständigen Induktion, die von POINCARÉ als der spezifisch mathematische Denkvorgang hervorgehoben worden war, schon enthalten. Wiederholt hat BOREL betont, daß diese Intuition mehr enthält als die einfache Bemerkung: „Nach jeder Zahl gibt es eine folgende"; dieses Mehr versucht er so in Worte zu fassen ([1], S. 145): „Das Verfahren, welches gestattet, durch Hinzufügung einer Einheit aus einer Zahl die folgende zu bilden, kann bis ins Unendliche als in gewisser Hinsicht jedesmal dasselbe betrachtet werden." Er stellt dann die Aufgabe, näher zu untersuchen, inwieweit und von welchem Standpunkt aus diese Operation jedesmal als dieselbe erscheint. Diese Frage ist für ihn wichtig wegen ihrer Beziehung zu dem Problem der Existenz der zweiten CANTORschen Zahlklasse.

Zweite Zahlklasse. Wenn der Begriff der natürlichen Zahl durch jene einfache Bemerkung erschöpft wäre, so könnte auch die Anwendung der zweiten Zahlklasse als fertiges Ganzes durch den Satz: „Zu jeder Folge von abzählbaren Ordnungszahlen gibt es eine größere" gerechtfertigt werden. Die Sache liegt anders, weil der Begriff der Zahlenreihe die Identität der Nachfolgerelationen voraussetzt; etwas Ähnliches gibt es für die zweite Zahlklasse nicht. Man kann gewisse ihrer Anfangssegmente durch Konstruktion herstellen, aber man kann keine Konstruktion angeben, die alle Zahlen der zweiten Zahlklasse durch intuitiv verständliche Prozesse zu bilden gestattet. Deshalb lehnt BOREL alle Beweisführungen, in denen die Gesamtheit der Zahlen der zweiten CANTORschen Klasse auftritt, ab.

3. Kontinuum. Das Kontinuum betrachtet BOREL als durch die geometrische Intuition unmittelbar gegeben; seine wichtigste Eigenschaft ist die Homogenität, die zur Folge hat, daß es unmöglich ist, einzelne Elemente des Kontinuums durch besondere Merkmale zu kennzeichnen. Das wird erst möglich, nachdem arithmetische Begriffe eingeführt sind, wobei sich alle bei der Begründung der Arithmetik auftretenden Schwierigkeiten bemerkbar machen. Eine reelle Zahl ist erst definiert, wenn man sie mit beliebiger Genauigkeit durch rationale Zahlen approximieren kann; diejenigen Zahlen, für welche das möglich ist, nennt BOREL berechenbar (calculable); sie sind die einzigen individuell definierbaren. Nun ist einerseits die Menge aller berechenbaren Zahlen abzählbar, weil sie einer Teilmenge der Menge aller endlichen Wortfolgen äquivalent ist; andererseits kommen in der Mathematik keine anderen als berechenbare Zahlen vor. Der Satz: „Das Kontinuum ist überabzählbar" bedeutet also nichts mehr als die Behauptung, daß wir es durch abzählbare Mengen niemals erschöpfen werden; es wäre sinnlos, zu behaupten, daß außer den abzählbar vielen berechenbaren Zahlen noch andere individuell angebbare Zahlen existieren. Allgemeiner behauptet BOREL ([1], S. 166), die abzählbaren Mengen seien die einzigen wirklich vorkommenden; der Begriff der nichtabzählbaren Menge sei rein negativ.

Der Abzählbarkeitsbegriff. Die Unterscheidung zwischen berechenbaren und nichtberechenbaren Zahlen entspricht ähnlichen Unterscheidungen auf anderen Gebieten. So betrachtet BOREL neben den abzählbaren die wirklich aufzählbaren (effectivement énumerable) Mengen; für diese muß sich das Abzählungsgesetz wirklich angeben lassen. Eine unendliche Teilmenge einer wirklich aufzählbaren Menge ist abzählbar, sie braucht aber nicht wirklich aufzählbar zu sein; z. B. ist die Menge aller berechenbaren Zahlen nicht wirklich aufzählbar. Hierin liegt BORELS Antwort auf die RICHARDsche Antinomie: Wenn sich das Abzählungsgesetz nicht wirklich angeben läßt, so ist das Diagonalverfahren auf die betreffende Menge nicht anwendbar ([1], S. 162).

Funktionentheorie. Den Berechenbarkeitsbegriff hat BOREL auf Funktionen ausgedehnt. Eine Funktion heißt berechenbar, wenn ihr Wert für jedes berechenbare Argument eine berechenbare Zahl ist. Wichtig ist die Bemerkung, daß jede berechenbare Funktion auf der Menge der berechenbaren Argumente stetig ist (vgl. den BROUWERschen Satz von der Stetigkeit jeder vollen Funktion, unten in § 5, 7). Die nichtberechenbaren Funktionen werden nicht gerade ausgeschlossen, sondern der Wahrscheinlichkeitsrechnung untergeordnet; eine nichtberechenbare Zahl ist nicht individuell definierbar und kann nur als durch den Zufall bestimmt gedacht werden.

Eine genaue Umschreibung dessen, was aus der klassischen Mathematik von der empiristischen Kritik zerstört wird, ist niemals versucht worden; diejenigen im engeren Sinn klassischen Theorien, die nicht unmittelbar mit mengentheoretischen Fragestellungen verknüpft sind, werden ziemlich allgemein als gesichert betrachtet. Vereinzelt findet man wesentlich radikalere Bemerkungen; so sagt LEBESGUE (BOREL [1], S. 156), daß nicht notwendig jede Menge entweder endlich oder unendlich ist, und erwähnt BOREL einmal die Möglichkeit, daß für zwei reelle

Zahlen die Entscheidung über ihre Gleichheit oder Ungleichheit nicht gelingen könnte, schiebt diese Schwierigkeit aber sofort wieder zur Seite (l. c., S. 220).

Einige Forscher, wie KURATOWSKI, SIERPIŃSKI [1] und TARSKI haben den Begriff der Definierbarkeit an sich untersucht. Wir besprechen diese Arbeiten hier nicht, weil sie entweder sehr spezielle Beispiele behandeln oder den Begriff der Definierbarkeit auf ein vorher gegebenes formales System beziehen, wodurch jeder Zusammenhang mit dem Intuitionismus verlorengeht (TARSKI [2]).

4. BORELsche Mengen. Am fruchtbarsten waren die Untersuchungen über Grundlagenfragen für die Theorie der Punktmengen und der reellen Funktionen. Zu der Theorie der BORELschen Mengen (von BOREL zuerst *ensembles mesurables*, später *ensembles bien définis*, heute in Frankreich nach LEBESGUE *ensembles mesurables B* genannt) ist BOREL durch seine Betrachtungen über die Grundlagen der Mengenlehre angeregt worden. Zu jeder linearen Punktmenge gehört eine Funktion, die in allen Punkten der Menge gleich 0, sonst gleich 1 ist; die Menge heiße wohldefiniert, wenn die zugehörige Funktion berechenbar ist oder, was in diesem Fall dasselbe bedeutet, wenn sich für jeden berechenbaren Punkt entscheiden läßt, ob er zur Menge gehört oder nicht. Die Funktion ist dann, wie oben bemerkt, auf der Menge der berechenbaren Zahlen, also auf einer dichten Menge, stetig, folglich auf dieser Menge konstant. Die wohldefinierte Menge umfaßt entweder keinen berechenbaren Punkt oder alle berechenbaren Punkte eines Intervalls. An den Endpunkten des Intervalls ergeben sich Schwierigkeiten, weil es auch für einen berechenbaren Punkt unentscheidbar sein kann, auf welche Seite der Grenze er fällt; daher ist eine aus abzählbar vielen Intervallen aufgebaute wohldefinierte Menge nur bis auf eine höchstens abzählbare Menge bestimmt ([1], S. 225). Von den aus Intervallen gebildeten Mengen ausgehend, erhält man weitere BORELsche Mengen durch Anwendung der beiden Operationen:

1. Bildung der Vereinigungsmenge von endlich oder abzählbar vielen zueinander fremden Mengen;

2. Bildung der Komplementärmenge einer Menge in bezug auf eine andere, in der sie als Teilmenge enthalten ist.

Die so gebildeten BORELschen Mengen hat BOREL seiner Maßtheorie zugrunde gelegt. Auch in der Funktionentheorie hat er sich bemüht, seine erkenntnistheoretischen Einsichten zu einer positiven Theorie zu verwerten. Vor Ausführungen, die auf größte Allgemeinheit zielen, gibt er solchen den Vorzug, die sich auf mit bestimmten Konstruktionsmitteln erreichbare Funktionen beschränken, sich dafür aber auf jeden Einzelfall ohne Schwierigkeit anwenden lassen ([3], S. 91—96). Als Beispiel einer solchen Methode ist seine Integrationstheorie zu nennen ([1], Note VI).

In der BORELschen Punktmengentheorie spielen die rationalen Punkte keine besondere Rolle. In der BAIREschen Klassifikation der Funktionen aber, von DE LA VALLÉE POUSSIN auf Punktmengen übertragen, werden in der soeben beschriebenen Konstruktion nur die Intervalle mit rationalen Endpunkten zugrunde gelegt. Wenn auch die von BOREL bemerkten Schwierigkeiten an den Endpunkten hierdurch nicht behoben werden, so wird doch wenigstens für je zwei Intervalle die Frage nach ihrer Identität oder Verschiedenheit entscheidbar. Der so erhaltene Begriff der BORELschen Menge umfaßt genau dieselben Mengen wie der vorige; die Intervalle mit irrationalen Endpunkten und die aus einem einzigen irrationalen Punkt bestehenden Mengen gehören jetzt zu den BORELschen Mengen der zweiten Klasse und werden nicht mehr als einfach betrachtet.

Der Begriff der BORELschen Menge ist allgemein genug, um es als zweckmäßig erscheinen zu lassen, die Analysis auf die Betrachtung solcher Mengen zu beschränken. Dieser Gedanke wurde widerlegt von LUSIN (vgl. die in LUSIN [1] angegebene Literatur), welcher zeigte, daß die BORELschen Mengen im engeren Sinn, nach Erweiterung auf mehrere Dimensionen, nicht invariant sind gegenüber der orthogonalen Projektion auf einen Raum mit geringerer Dimensionenzahl, selbst dann nicht, wenn die Projektionsrichtung parallel zu einer Koordinatenachse gewählt wird. Aus den BORELschen Mengen ergeben sich durch Projektion die analytischen Mengen; die Komplementärmenge einer analytischen Menge ist im allgemeinen nicht analytisch; durch Projektion einer solchen Komplementärmenge erhält man eine Menge aus einer neuen Klasse usw.; alle so entstehenden Mengen werden projektive Mengen genannt. Doch hebt LUSIN, der die Theorie dieser Mengen zu einem großen Teil selbst entwickelt und sie in [1] zusammengefaßt hat, in dieser Darstellung nachdrücklich hervor, daß er die projektiven Mengen nicht als wohldefinierte Gegenstände betrachtet, weil in allen bisher bekannten über die BORELschen Mengen hinausgehenden Beispielen entweder die zweite Zahlklasse als Ganzes oder die Bildung der Komplementärmenge einer vorgegebenen Menge benutzt wird ([1], S. 299). Auch die letztgenannte Methode ist nach seiner Ansicht unzulässig, weil sie die Menge aller reellen Zahlen als gegeben voraussetzt. Falls andererseits alle BORELschen Mengen zulässig sind, so sind es auch alle projektiven. Es bleibt keine andere Folgerung übrig als die, daß die BORELsche Kritik auch auf diesem Weg nicht zu einer brauchbaren Abgrenzung des Sinnvollen in der Analysis geführt hat.

Durch die Anregungen der empiristischen Kritik ist die Mathematik um viele schöne und wichtige Theorien bereichert worden; es ist hier nicht der Ort, darauf einzugehen. Sie hat die Grundlagenforschung gefördert, indem sie mit Recht darauf hinwies, daß die traditionelle Mathematik nicht durchweg sinnvoll ist und indem sie in angemessener

Weise die Konstruktivitätsforderung in den Vordergrund geschoben hat. Daß sie nicht zu einem befriedigenden Resultat geführt hat, liegt zum Teil an ihrem Ausgangspunkt, zum Teil an ihrer Methode. Daß sie die Konstruierbarkeit mit endlicher Definierbarkeit, mithin die Mathematik mit ihrer sprachlichen Begleitung verwechselt, ist wohl praktisch nicht sehr wichtig. Der Versuch, die Grundlagenprobleme durch lose zusammenhängende Einzelbemerkungen und von Fall zu Fall angebrachte Verbesserungen an dem Bestehenden zu lösen, zeigt, daß sie sich der Schwierigkeit und Tiefe dieser Fragen nicht genügend bewußt war.

§ 3. Die erste Theorie von WEYL.

1918 hat WEYL eine Theorie aufgestellt, die mit derjenigen der Empiristen eng verwandt ist [1, 2, 3]. Er geht aus von der Bemerkung, daß der Begriff der berechenbaren Zahl nicht umfangsdefinit ist, solange man die zugelassenen Konstruktionsmittel nicht angibt. Er versucht deshalb, die Analysis auf bestimmte vorher angegebene Konstruktionsmittel zu beschränken, und es gelingt ihm, so eine Mathematik aufzubauen, in der das CAUCHYSCHE Konvergenzprinzip und der Satz, daß eine stetige Funktion jeden Zwischenwert annimmt, gelten, dagegen nicht der Satz, daß jede beschränkte Menge reeller Zahlen eine obere Grenze besitzt. Wichtig ist seine Bemerkung über die Relativität der Abzählbarkeit. Das WEYLsche Zahlensystem ist im klassischen Sinn abzählbar; die abzählende Relation ist aber nicht mittels seiner Konstruktionsmittel herstellbar, so daß die Menge aller Zahlen des Systems im System als nicht abzählbar gelten muß. Es ist das die von SKOLEM [1] in allgemeinerem Zusammenhang untersuchte Erscheinung.

WEYL hat später diese Theorie aufgegeben, weil er infolge der BROUWERschen Kritik die Anwendung des Satzes vom ausgeschlossenen Dritten auch innerhalb der konstruktiven Mathematik als unberechtigt erkannt hat.

§ 4. Der Standpunkt von KAUFMANN.

In seinem Buch [1] hat KAUFMANN eine mit derjenigen der französischen Empiristen verwandte Auffassung ausführlich philosophisch begründet und die wichtigsten mathematischen Konsequenzen systematisch untersucht. Eine der Hauptthesen, auf die er seine Untersuchung gründet, formuliert er so:

„Jeder Erkenntnisakt geht auf einen unabhängig von diesem Akte bestehend gedachten Sachverhalt in der physischen oder psychischen (bzw. psychophysischen) Welt. Kein Sachverhalt ist denkbar, der prinzipiell unerkennbar wäre."

Durch diesen Ausgangspunkt verriegelt er sich den Zugang zu dem BROUWERschen Intuitionismus, so daß die im weiteren Verlauf von ihm gegen BROUWER geführte Polemik ziemlich gegenstandslos ist. Die zweite Hauptthese, die seinem Werk das intuitionistische Gepräge gibt, besteht in der Verwerfung des Komprehensionsprinzips, nach dem diejenigen Gegenstände, die eine bestimmte Eigenschaft besitzen, zu einer Menge zusammengefaßt werden können.

Die Sätze der Logik werden in derselben Weise wie in den neueren logistischen Untersuchungen als Tautologien gedeutet. Die Logik sagt also nichts aus über die Welt, sie setzt aber die Welt voraus.

Die natürlichen Zahlen werden aus dem Prozeß des Zählens hergeleitet durch Abstraktion von den gezählten Gegenständen. Um das zeitliche Moment, das in dem Zählprozeß enthalten ist, auszuschalten, werden die Ordnungsbeziehungen als Unverträglichkeitsbeziehungen gedeutet derart, daß das Vorliegen einer Zahl mit dem Nichtvorliegen jeder kleineren Zahl unverträglich ist. Nun werden die natürlichen Zahlen definiert als die Elemente der durch die folgenden Festsetzungen und ausschließlich durch sie bestimmten Struktur:

1. Es gibt ein und nur ein Element, dem kein anderes vorangeht.

2. Zu jedem Element Z_n gibt es ein und nur ein Element Z_m, dem Z_n und alle Z_n vorangehenden Elemente und keine anderen vorangehen.

3. Die durch 2. bestimmte Beziehung zwischen Z_n und Z_m ist unverträglich mit der gleichen Beziehung zwischen einem anderen Element und Z_m.

Diese Festsetzungen können auch leicht ohne die Beziehung „vorangehen" durch Unverträglichkeitsbeziehungen im obigen Sinn formuliert werden. Sie entsprechen den ersten vier Axiomen von PEANO. Die Forderung, daß die Struktur der Zahlenreihe ausschließlich durch sie bestimmt werden soll, ist so zu verstehen, daß jede Zahl mit Hilfe der 1 und der Nachfolgebeziehung definierbar sein muß. Der Verfasser schließt hieraus, daß auch das letzte PEANOsche Axiom, das die vollständige Induktion enthält, gelten muß; doch wird aus seiner Argumentierung nicht klar, wie diese Folgerung ohne jede Anwendung der vollständigen Induktion zustande kommen kann. Auch sonst sind die Überlegungen des Verfassers vom mathematischen Standpunkt manchmal wenig befriedigend, weil zu oft philosophische Erörterungen über den Sinn der verwendeten Begriffe an die Stelle exakter mathematischer Herleitung treten. Besonders deutlich ist das, wo der Verfasser die Vollständigkeit seines Axiomensystems für die natürlichen Zahlen aus dem Umstand folgert, daß es prinzipiell keine verschiedene Möglichkeit der Bestimmung offen läßt.

Die Ablehnung des Komprehensionsprinzips kann jetzt auf eine positive Form gebracht werden. Eine unendliche Gesamtheit kann nur in der Weise gegeben werden, daß man ihr Bildungsgesetz angibt, d. h. ein Mittel, ihre Elemente nacheinander zu konstruieren, wo „nacheinander" wie bei der Zahlenreihe zeitlos zu verstehen ist. Das Wort

„unendlich" soll nicht mehr bedeuten als die Tatsache, daß für die Anzahl der Elemente keine obere Schranke zugelassen wird. Es gibt keine anderen als die endlichen und die abzählbaren Mengen; in der Definition einer unendlichen Menge ist ihr Abzählungsgesetz mit enthalten.

Eine weitere Einschränkung wird bedingt durch die Ablehnung der Iteration des Eigenschaftsbegriffes. Nach Kaufmann kommt überall dort, wo von „Eigenschaften von Eigenschaften" die Rede ist, dem Wort „Eigenschaft" keine einheitliche Bedeutung zu. Ein erweiterter Funktionenkalkul wäre daher sinnlos. Auch ist es nicht möglich, „Menge" als gleichbedeutend mit „Eigenschaft" zu definieren, weil man dann keine Mengen von Mengen usw. bilden könnte.

In dem Aufbau der Analysis wird die Zurückführung auf die Lehre von den natürlichen Zahlen konsequent durchgeführt. Für Kaufmann entspricht dem Wort „Irrationalzahl" überhaupt kein Gegenstand; jeder Satz über Irrationalzahlen läßt sich in einen solchen über Folgen von Rationalzahlen übersetzen. Es wäre verfehlt, die Irrationalzahlen als Folgen von Rationalzahlen zu definieren, weil eine solche Folge nicht in ihrer Totalität gegeben werden kann. Wenn von einer Irrationalzahl die Rede ist, liegt nichts anderes vor als eine durch ein bestimmtes Bildungsgesetz gegebene monotone Folge von Rationalzahlen. Ein Kontinuum gibt es überhaupt nicht, weil selbst die einzelnen berechenbaren Irrationalzahlen nicht als selbständige Gegenstände anerkannt werden. Der Verfasser bekämpft entschieden die Ansicht, das Kontinuum sei durch die geometrische Anschauung intuitiv gegeben (l. c., S. 112).

Das Rechnen mit Irrationalzahlen gründet er auf den Satz, daß jede monotone beschränkte Folge von Rationalzahlen konvergent ist. Für den Beweis dieses Satzes ist der am Anfang dieses Paragraphen angeführte philosophische Grundsatz unentbehrlich; nur durch seine Anwendung kann hier der Gebrauch des Satzes vom ausgeschlossenen Dritten gerechtfertigt werden. Das gleiche gilt für den Beweis des Satzes, daß jede beschränkte Folge von Irrationalzahlen eine obere Grenze besitzt. So geht die philosophische Grundthese des Verfassers an den entscheidenden Stellen in seine mathematischen Beweisführungen ein. Es ist seine Stärke, das ausdrücklich gesagt zu haben, aber zugleich seine Schwäche, weil für diejenigen, die seine philosophischen Ansichten nicht teilen, seine Ausführungen zwar unangreifbar, aber zugleich inhaltslos werden.

§ 5. Der Brouwersche Intuitionismus.

1. Die mathematische Intuition. Nach Brouwer ist die Mathematik identisch mit dem exakten Teil unseres Denkens. Jede Wissenschaft enthält so viel Mathematik, als sie exakte Behauptungen aufstellt; es ist aber kein Vorrecht der Wissenschaft, mathematische Formen zu benutzen, sondern auch im Denken des täglichen Lebens treten sie regelmäßig auf, und zwar spontan und meistens unbewußt gebraucht. Auf die tiefen philosophischen Fragen, die den Zusammenhang von Mathematik und Erfahrung betreffen, gehen wir nicht ein; eine kurze Besprechung der Hauptgesichtspunkte findet sich in Abschnitt IV. Aus dem Gesagten geht schon hervor, daß keine Wissenschaft, auch nicht die Philosophie oder die Logik, Voraussetzung für die Mathematik sein kann. Es wäre zirkelhaft, irgendwelche philosophischen oder logischen Lehrsätze in der Mathematik als Beweismittel zu verwenden, denn schon zu ihrer Formulierung setzen solche Sätze mathematische Begriffsbildungen voraus. Soll die Mathematik in diesem Sinne voraussetzungslos sein, so bleibt für sie keine andere Quelle übrig als eine Intuition, die uns ihre Begriffe und Schlüsse als unmittelbar klar vor Augen stellt. Man deute diese BROUWERsche Intuition nicht etwa so, als vermittle sie uns in „mystischer" Weise eine Einsicht über die Welt. Sie ist nichts anderes als die Fähigkeit, bestimmte Begriffe und Schlüsse, die im gewöhnlichen Denken regelmäßig auftreten, gesondert zu betrachten. Mit der Unabhängigkeit der Mathematik von der Philosophie steht es nicht in Widerspruch, daß philosophische Vorbetrachtungen, wie sie diese Zeilen enthalten, nützlich sein können, um die richtige Geisteshaltung für das Verständnis der reinen Mathematik zu gewinnen. Während der Gebrauch mathematischer Begriffe im empirischen Denken von selbst vor sich geht, kommt man zur Isolierung mathematischer Systeme nur absichtlich, und die fortgesetzte Bildung und Untersuchung solcher Systeme erfordert eine besondere Geisteshaltung. Ist diese einmal erreicht, so werden die Vorbetrachtungen für die mathematischen Entwicklungen überflüssig.

Eine genaue Aufzählung der in der Mathematik zulässigen Grundbegriffe und Elementarschlüsse ist schon darum als Begründung der intuitionistischen Mathematik unzureichend, weil der Begriff der Aufzählung schon einen wesentlich mathematischen Kern enthält und wir so wieder in einen Zirkel geraten würden. Überdies ist es an sich widersinnig, die Möglichkeiten des Denkens in das Mieder bestimmter zuvor angegebener Konstruktionsprinzipien zwängen zu wollen. Man muß sich also darauf beschränken, durch mehr oder weniger vage Umschreibungen in dem Hörer die mathematische Geisteshaltung hervorzurufen. Das gelingt wohl am besten in Zusammenhang mit dem naiven Gebrauch der mathematischen Begriffe; wir beschränken uns hier auf die Bemerkung, daß zweifellos fast die ganze Mathematik auf den Begriff der natürlichen Zahl zurückgeführt werden kann. Für die Praxis kann man diesen Begriff als intuitiv klar an die Spitze stellen; es ist aber möglich, ihn auf tiefer liegende Begriffe zu gründen, z. B. in der folgenden, im wesentlichen von BROUWER [1] herrührenden Weise. Zugrunde liegt erstens der Begriff der Einheit, d. h. eines Gegenstandes oder einer Empfindung, die wir als uns gesondert von der übrigen Welt gegeben betrachten. Zweitens können wir eine solche Einheit von einer anderen unterscheiden, und drittens können wir uns eine unbeschränkte Wiederholung dieses zweiten Prozesses vorstellen. Aber auch diese Zergliederung ist wohl nicht endgültig.

Mathematik und Sprache. Wie von der Philosophie ist die Mathematik auch von der Sprache prinzipiell unabhängig. Das Denken einer Einheit und die gedankliche Bildung einer Fundamentalreihe von Einheiten brauchen mit keiner sprachlichen Äußerung verbunden zu sein. Zur Mitteilung mathematischer Gedankengänge ist eine Sprache notwendig; weil die Mathematik lebendige Gedanken enthält, haben die Zeichen (Wörter, Buchstaben) der mathematischen Sprache einen Sinn, der letzten Endes nicht anders als durch die gewöhnliche Umgangssprache verständlich gemacht werden kann. Weil diese nun Mißverständnisse nicht völlig ausschließen kann, ist auch eine grundsätzlich eindeutige mathematische Sprache undenkbar. Exakt (insoweit das möglich ist) ist das im Geist eines Mathematikers aufgebaute System; die Vergleichung der von verschiedenen Personen aufgebauten Systeme unterliegt allen Unsicherheiten der menschlichen Verständigung. Die scharfe Trennung zwischen Mathematik und mathematischer Sprache gehört zu den wichtigsten Argumenten BROUWERS ([1], Abschnitt III; [4], S. 13).

Mathematik und Logik. Bei dem Aufbau der Mathematik fangen wir der Übersicht halber mit der Logik an; inhaltlich und historisch ist diese Anordnung nicht gerechtfertigt. In der intuitionistischen Mathematik wird nämlich nicht nach festen Normen, die sich in einer Logik zusammenfassen lassen, geschlossen, sondern jeder einzelne Schluß wird unmittelbar auf seine Evidenz geprüft. Auch liegt der Kern einer mathematischen Beweisführung nicht in den logischen Schlüssen, sondern in dem Aufbau der mathematischen Systeme. Die Feststellung, daß ein mathematisches System sich in bestimmter Weise in ein anderes hineinfügen läßt, kann in die Form eines logischen Schlusses eingekleidet werden; das betrifft aber mehr die sprachliche Hülle der mathematischen Gedanken als diese selbst. BROUWER betont ([1], S. 127; [2], S. 9), daß selbst in den Fällen, wo ein Unmöglichkeitsbeweis durch das Aufweisen eines Widerspruchs geführt wird, die Anwendung des Satzes vom Widerspruch nur scheinbar ist; in Wirklichkeit handelt es sich um die Feststellung, daß eine mathematische Konstruktion, die gegebenen Bedingungen genügen soll, nicht gelingt. Das Ergebnis dieser Überlegungen läßt sich so zusammenfassen, daß einerseits die Mathematik von der Logik unabhängig ist, andererseits die Logik zu den Anwendungen der Mathematik gehört.

2. Mathematische Logik. Doch ist hiermit das Verhältnis der Logik zur Mathematik nicht vollständig beschrieben. Es gibt allgemeine Regeln, nach denen sich in intuitiv klarer Weise aus vorgegebenen mathematischen Sätzen neue Sätze bilden lassen; die Theorie dieser

Zusammenhänge kann in einer „mathematischen Logik" behandelt werden, die dann ein Teilgebiet der Mathematik ist und deren Gebrauch außerhalb der Mathematik sinnlos wäre. BROUWER [2] hat zuerst die Frage gestellt, welche der aristotelischen Prinzipien in der mathematischen Logik gelten; sein Ergebnis ist, daß der Satz vom Widerspruch ohne Einschränkung gebraucht werden darf; der Satz vom ausgeschlossenen Dritten aber nicht. Später hat HEYTING [5] die mathematische Logik kalkulmäßig dargestellt; die Interpretation dieses Kalkuls, insbesondere der Implikationsbeziehung, bot noch Schwierigkeiten, weil offensichtlich die Definition „$a \supset b$ ist dann und nur dann falsch, wenn a richtig und b falsch ist" für den Intuitionisten sinnlos bleibt, solange der logische Wert von a und von b unbekannt ist. Aus ähnlichen Gründen mußte der Versuch von BARZIN und ERRERA [1, 2], die intuitionistische Logik so zu deuten, daß es außer richtigen und falschen Aussagen noch solche gibt, die weder richtig noch falsch, sondern „tierces" sind, mißlingen; der von ihnen erhaltene Widerspruch besagt, wie GLIVENKO [1] angab, nichts gegen den BROUWERschen Standpunkt. HEYTING [7, 8] suchte die Frage durch eine Umdeutung zu lösen; jede Aussage steht nach HEYTING für die Intention auf eine mathematische Konstruktion, die bestimmten Bedingungen genügen soll. Ein Beweis für eine Aussage besteht in der Verwirklichung der in ihr geforderten Konstruktion. $a \supset b$ bedeutet dann die Intention auf eine Konstruktion, die aus jedem Beweis für a zu einem Beweis für b führt. Einen verwandten Gedanken, der insoweit über den vorigen hinausgeht, daß er dem HEYTINGschen Kalkul auch unabhängig von intuitionistischen Voraussetzungen einen Sinn verleiht, hat KOLMOGOROFF [1] angegeben. Er deutet den Kalkul als Aufgabenrechnung. Jede Veränderliche steht für eine Aufgabe; diesen Begriff erklärt er nicht; man kann ihn wohl interpretieren als die Forderung, eine mathematische Konstruktion, die gewissen Bedingungen genügt, anzugeben. Als Aufgabenfunktionen werden eingeführt:

$a \wedge b$, „beide Aufgaben a und b zu lösen",

$a \vee b$, „mindestens eine der Aufgaben a, b zu lösen",

$a \supset b$, „die Lösung von b auf die Lösung von a zurückzuführen",

$\neg a$, „vorausgesetzt, daß die Lösung von a gegeben ist, einen Widerspruch zu erhalten".

Diese Funktionen sind voneinander unabhängig; wenn z. B. die Aufgabe $a \supset b$ gelöst ist, besitzt man noch nicht immer eine Lösung von $\neg a \vee b$ (HEYTING [5], S. 44).

Daß eine Aufgabe gelöst ist, wird angegeben, indem man das Zeichen $\vdash$ davor setzt; eine Formel, die dieses Zeichen enthält, stellt keine Aufgabe mehr dar, sondern eine Mitteilung über die Lösung einer Aufgabe. Vor einer Formel, die Veränderliche enthält, bedeutet $\vdash$, daß sie für jede beliebige Ersetzung der Veränderlichen durch Aufgaben gelöst ist. Es ist unmittelbar klar, daß sämtliche Axiome des Heytingschen Kalkuls diese Eigenschaft besitzen. Betrachten wir z. B. die Formel

$$\vdash : \cdot\, a \wedge \cdot\, a \supset b : \supset b,$$

die in Worten lautet: „Man kann die Lösung einer Aufgabe b auf die Lösung der beiden Aufgaben, ‚a‘ und ‚die Lösung von b auf die Lösung von a zurückzuführen‘ zurückführen." Hat man nämlich die beiden letzten Aufgaben gelöst, so braucht man ihre Lösungen nur zusammenzufügen, um eine Lösung von b zu erhalten.

Auch ist es klar, daß die Operationsregel: „Wenn $\vdash a$ und $\vdash a \supset b$, so $\vdash b$" aus gelösten Aufgaben wieder zu gelösten Aufgaben führt.

In der Praxis der Mathematik braucht man diese logischen Einsichten nicht. Wer die beiden Aufgaben a und $a \supset b$ gelöst hat, wird imstande sein, b zu lösen, ohne an irgendwelche logischen Zusammenhänge zu denken; Ähnliches gilt für die übrigen Sätze der Logik.

Aussagenkalkul. Weitere bemerkenswerte intuitionistisch zulässige Schlußweisen werden durch die folgenden Formeln gegeben:

$$\vdash : \cdot\, a \supset b \cdot \wedge \cdot b \supset c : \supset : a \supset c. \tag{1}$$

$$\vdash : \cdot\, a \supset c \cdot \wedge \cdot b \supset c : \supset : a \vee b \supset c. \tag{2}$$

$$\vdash : \neg\, a \supset \cdot\, a \supset b. \tag{3}$$

Es ist nämlich zweckmäßig, den Begriff „zurückführen" so zu interpretieren, daß durch den Beweis der Unmöglichkeit der Lösung von a zugleich die Lösung einer beliebigen Aufgabe auf die Lösung von a zurückgeführt wird.

$$\vdash : a \supset b \cdot \supset \cdot \neg\, b \supset \neg\, a. \tag{4}$$

$$\vdash : a \supset \neg\, b \cdot \supset \cdot b \supset \neg\, a. \tag{5}$$

$$\vdash \neg(a \wedge \neg\, a). \tag{6}$$

$$\vdash \cdot \neg(a \vee b) \supset \neg\, a \wedge \neg\, b. \tag{7}$$

$$\vdash \cdot \neg\, a \wedge \neg\, b \supset \neg(a \vee b). \tag{8}$$

$$\vdash : \neg(a \wedge b) \supset \cdot\, a \supset \neg\, b. \tag{9}$$

$$\vdash : a \supset \neg\, b \cdot \supset \neg(a \wedge b). \tag{10}$$

$$\vdash \cdot \neg\, a \vee \neg\, b \supset \neg(a \wedge b). \tag{11}$$

$$\vdash : \cdot \neg(a \wedge b) \cdot \wedge \cdot a \vee \neg\, a : \supset : \neg\, a \vee \neg\, b. \tag{12}$$

Hier kann die Bedingung $a \vee \neg\, a$ nicht einmal durch $\neg\,\neg\, a \supset a$ ersetzt werden; es ist bemerkenswert, daß (9) ohne eine solche Bedingung gilt.

Dagegen kann man die folgenden Probleme nicht allgemein lösen:

$$a \vee \cdot\, a \supset b. \tag{A}$$

$$a \supset b \cdot \vee \cdot b \supset a. \tag{B}$$

$$\neg\,\neg\, a \supset a. \tag{C}$$

$$a \vee \neg\, a. \tag{D}$$

Die Formel (D), welche in der klassischen Logik den „Satz vom ausgeschlossenen Dritten" darstellt, bedeutet bei der Kolmogoroffschen Interpretation folgendes: „Man kann jede Aufgabe entweder lösen oder ihre Lösung auf einen Widerspruch zurückführen", oder, wie Brouwer sagt, dieser Satz ist identisch mit der Behauptung, daß jedes mathematische Problem lösbar ist. Diesen Satz zu behaupten, ohne daß eine allgemein brauchbare Lösungsmethode für mathematische Probleme tatsächlich vorliegt, könnte nicht anders gerechtfertigt werden als durch Berufung auf die Überzeugung, daß die Lösung, wenn auch uns unbekannt, doch irgendwie bestimmt sein müsse; dadurch würde man mathematischen Betrachtungen einen philosophischen Satz zugrunde legen, was wir schon früher als unberechtigt erkannt haben. Ähnliches gilt für die Formel $\neg\,\neg a \supset a$, die, wie zuerst Bernays bemerkt hat, mit der Formel (D) gleichwertig ist. Daher muß in der intuitionistischen Logik zwischen einer Aufgabe und ihrer doppelten Negation unterschieden werden. Dagegen ist nach Brouwer die dreifache Negation mit der einfachen gleichbedeutend. Wir gebrauchen im folgenden diese Terminologie: Der Satz *ist nicht richtig, gilt nicht, ist unbeweisbar* bedeutet: er ist nicht bewiesen, und es ist äußerst unwahrscheinlich, daß man ihn jemals beweisen wird; der Satz *kann nicht richtig sein*, er *ist falsch*, er *ist unmöglich* bedeutet: die Negation des Satzes ist bewiesen.

Es sei noch die Formel $\vdash \neg\,\neg\,(a \smile \neg a)$ hervorgehoben, die mit $\vdash \neg\,(\neg a \frown \neg\,\neg a)$ gleichbedeutend ist und den Brouwerschen Satz von der Absurdität der Absurdität des Satzes vom ausgeschlossenen Dritten zum Ausdruck bringt. Sie besagt, daß es ein nachweisbar unlösbares Problem nicht geben kann. Heyting [7, 8] hat die Frage gestellt, ob sich ein solches Problem denken ließe bei einer Erweiterung der Logik in der Weise, daß man statt Erwartungen von mathematischen Konstruktionen auch andere Erwartungen betrachtet. Das von ihm angeführte Beispiel ist nicht stichhaltig; die Frage ist noch nicht endgültig entschieden. Jedenfalls wird man in der Mathematik vorläufig keine Veranlassung haben, Probleme anderer Art als die oben betrachteten zu behandeln.

Zusammenfassend sagen wir folgendes: Die Mathematik ist von der Logik unabhängig; Logik im allgemeinsten Sinn ist angewandte Mathematik; die mathematische Logik ist ein Teilgebiet der Mathematik. Wenn man sich auf konstruktive Probleme beschränkt, kann es kein nachweislich unlösbares Problem geben; die Annahme, daß jedes Problem lösbar ist, ist aber unberechtigt.

In der letzten Zeit ist die intuitionistische Logik der Gegenstand von metamathematischen Untersuchungen gewesen. Diese haben natürlich mit intuitionistischer Mathematik nichts zu tun, sind aber an sich sehr interessant. Glivenko [2] bewies die Sätze:

1. Ist die Formel $\mathfrak{A}$ des Aussagenkalkuls in der klassischen Logik beweisbar, so ist $\neg\,\neg\,\mathfrak{A}$ in der intuitionistischen Logik beweisbar.

2. Ist die Formel $\neg\,\mathfrak{A}$ des Aussagenkalkuls in der klassischen Logik beweisbar, so ist sie auch in der intuitionistischen Logik beweisbar.

Hieraus folgt nach GÖDEL [4]:

3. Übersetzt man die klassischen Begriffe

$$\sim p, \quad p \rightarrow q, \quad p \vee q, \quad p \cdot q$$

durch die folgenden intuitionistischen:

$$\neg p, \quad \neg(p \wedge \neg q), \quad \neg(\neg p \wedge \neg q), \quad p \wedge q,$$

so ist jede klassische Formel auch in der intuitionistischen Logik gültig.

In [5] führt GÖDEL in die klassische Logik das Symbol Bp (zu übersetzen durch „p ist beweisbar") mittels geeigneter Axiome ein und zeigt einen Zusammenhang des so gebildeten formalen Systems mit der intuitionistischen Logik.

GÖDEL· zeigte auch [3], daß die Frage, ob eine vorgelegte Formel in der intuitionistischen Logik gilt, nicht wie in der klassischen Logik durch Einsetzen von endlich vielen „Wahrheitswerten" entschieden werden kann. Aus allgemeinen logischen Untersuchungen von GENTZEN [1] ergibt sich aber ein Entscheidungsverfahren für die intuitionistische Logik. Aus diesen Untersuchungen geht auch ein formaler Beweis hervor für den Satz, daß eine Formel, welche die Gestalt $\mathfrak{A} \vee \mathfrak{B}$ besitzt, in der intuitionistischen Logik nur dann beweisbar ist, wenn entweder $\mathfrak{A}$ oder $\mathfrak{B}$ eine beweisbare Formel ist.·

Funktionenkalkul. Auch die Prädikatenlogik läßt sich der KOLMOGOROFFschen Deutung in einfacher Weise unterordnen. Es bedeute:

$(x)\,\mathfrak{A}(x)$ die Aufgabe, eine allgemeine Methode anzugeben, nach der sich die Aufgabe $\mathfrak{A}$ für jedes beliebige x lösen läßt;

$(Ex)\,\mathfrak{A}(x)$ die Aufgabe, ein bestimmtes x und für dieses x die Lösung der Aufgabe $\mathfrak{A}$ anzugeben.

Keiner dieser Begriffe läßt sich auf den anderen zurückführen.

Während die Negation einer allgemeinen Aussage nach WEYL ([3], S. 54) keinen bestimmten Sinn ergibt, kann sowohl auf die allgemeinen wie auf die Existential*aufgaben* die Negation im obigen Sinn ohne weiteres angewandt werden. Für den weiteren Aufbau des Funktionenkalkuls genügt es, zu den Axiomen des Aussagenkalkuls die beiden Axiome

$$\vdash: (x)\,a(x) \cdot \supset \cdot a(y),$$
$$\vdash: a(y) \cdot \supset \cdot (Ex)\,a(x)$$

und die Operationsregeln (z. B. in der Form wie bei HILBERT-ACKERMANN S. 53—54; vgl. unten, S. 41) hinzuzunehmen. HEYTING [6] hat auch den intuitionistischen Funktionenkalkul formalisiert; leider ist seine Darstellung unnötig kompliziert durch den nicht vollständig gelungenen Versuch, auch den Ersetzungsprozeß zu formalisieren. Es gelten z. B. die Formeln (in denen a die Veränderliche x enthält):

$$\vdash \cdot (Ex)\, a \supset \neg (x) \neg a \,, \tag{13}$$

$$\vdash \cdot (x)\, a \supset \neg (Ex) \neg a \,, \tag{14}$$

$$\vdash \cdot (Ex) \neg a \supset \neg (x)\, a \,, \tag{15}$$

aber nicht ihre Umkehrungen; dagegen die beiden Formeln:

$$\vdash \cdot (x) \neg a \supset \neg (Ex)\, a \,, \tag{16}$$

$$\vdash \cdot \neg (Ex)\, a \supset (x) \neg a \,. \tag{17}$$

Bemerkenswert ist die Beziehung der Zeichen (x) und (Ex) zu der doppelten Negation; es gelten

$$\vdash \cdot (Ex) \neg \neg a \supset \neg \neg (Ex)\, a \,, \tag{18}$$

$$\vdash \cdot \neg \neg (x)\, a \supset (x) \neg \neg a \,, \tag{19}$$

aber nicht die inversen Implikationen.

Bei der hier vertretenen Auffassung werden die mathematischen Sätze, solange ihr Wahrheitswert nicht bekannt ist, als sprachliche Ausdrücke für Probleme betrachtet; sobald das Problem gelöst ist, ist auch der Wahrheitswert des entsprechenden Satzes bekannt; seine logischen Beziehungen lösen sich dann in Trivialitäten auf.

Über den intuitionistischen Funktionenkalkul gibt es nur wenige metamathematischen Untersuchungen. GENTZEN [1] erhält das Resultat: Ist $\mathfrak{F}(x)$ eine Formel, die keine andere freie Veränderliche als x enthält, und ist $(Ex)\,\mathfrak{F}(x)$ im intuitionistischen Funktionenkalkul beweisbar, so ist auch $(x)\,\mathfrak{F}(x)$ intuitionistisch beweisbar. Dieser auf dem ersten Blick paradox scheinende Satz wird verständlich, wenn man bedenkt, daß er nicht mehr gilt, nachdem der Funktionenkalkul durch die Einführung von bestimmten mathematischen Gegenständen erweitert ist, so daß der Beweis von $(Ex)\,\mathfrak{F}(x)$ auch durch Aufzeigung eines Beispiels geführt werden kann. Es ist noch der Satz von GÖDEL [4] zu erwähnen: Übersetzt man die Operationen des Aussagenkalkuls in der auf S. 17 angegebenen Weise, $(x)\, a(x)$ durch $(x)\, a(x)$, und $(Ex)\, a(x)$ durch $\neg (x) \neg a(x)$, so geht jede klassische Formel des Funktionenkalkuls in eine gültige Formel des intuitionistischen Funktionenkalkuls über. Dieses Resultat gilt auch noch nach Hinzunahme der Axiome der elementaren Arithmetik; die arithmetischen Begriffe bleiben bei der „Übersetzung" ungeändert. Die (formalisierte) intuitionistische Arithmetik anthält also die ganze klassische, bloß mit einer abweichenden Interpretation; diese Interpretation ist aber für den Intuitionisten das Wesentliche.

3. Kontinuum. Wahlfolgen. Die größten Schwierigkeiten für die inhaltliche Auffassung der Mathematik hat immer die Einführung des Kontinuums geboten. Die Definition vereinzelter Irrationalzahlen ist einfach. Man kann z. B. mit BROUWER von den dualen Zahlen $a \cdot 2^{-n}$

ausgehen; ein Intervall λ_n hat die Endpunkte $a \cdot 2^{-n-1}$, $(a + 2) \cdot 2^{-n-1}$. Eine reelle Zahl ist dann gegeben durch eine Folge von λ-Intervallen, von denen jedes ein echter Teil des vorangehenden ist; die Folge wird gegeben durch ein Gesetz, nach dem sich ihre Intervalle nacheinander bestimmen lassen [8]. Die Definitionen der Gleichheit von reellen Zahlen und der Rechenspezies können ohne Schwierigkeit gegeben werden. Aus der Kritik der Empiristen (§ 2) geht aber hervor, daß das, was man in dieser Weise erhält, nicht dem Kontinuum der klassischen Mathematik entspricht. Zuerst betrachtete BROUWER das Kontinuum als durch die Zeitintuition gegeben; erst nach der Einführung der Wahlfolgen gelang es ihm, zum erstenmal eine inhaltlich befriedigende Theorie des Kontinuums aufzustellen ([6 I]; ausführlichere und verbesserte Darstellung in [18 I, II]). Eine *Wahlfolge* entsteht dadurch, daß mathematische Gegenstände nacheinander in irgendeiner Weise bestimmt, z. B. beliebig gewählt werden. Die Wahlfreiheit kann durch ein zuvor angegebenes Gesetz eingeschränkt werden; ein solches Gesetz heißt *Mengengesetz*. Es wird bei jeder Wahl zugelassen, die Freiheit für die folgenden Wahlen durch einen „Verengerungszusatz" zu dem Mengengesetz einzuschränken. Für die Theorie des Kontinuums ist es zweckmäßig, Wahlfolgen von λ-Intervallen zu betrachten, deren Freiheit durch die Konvergenzbedingung, jedes Intervall müsse echtes Teilintervall des vorigen sein, eingeschränkt wird. Das subjektive und zeitgebundene Element, das durch den Begriff der Wahlfolge scheinbar in die Mathematik hineingetragen wird, schalten wir dadurch wieder aus, daß nur solche Fragen in bezug auf eine Wahlfolge α als sinnvoll betrachtet werden, die sich auf jede mögliche Fortsetzung der Folge beziehen, so daß zu ihrer Lösung nur das Mengengesetz bekannt zu sein braucht. So wird die Frage, ob eine Wahlfolge von natürlichen Zahlen die 1 enthält, erst dann bejaht, wenn aus dem Mengengesetz das Vorhandensein der 1 in jeder ihm genügenden Folge hervorgeht. Es braucht nicht gerade eine obere Grenze für die Anzahl der Wahlen, nach welchen die 1 auftritt, bekannt zu sein, sondern diese Grenze kann von den ersten a_1 dieser Wahlen abhängen, a_1 wieder von den ersten a_2 usw. Hier die allgemeinste Möglichkeit anzugeben, bildet ein schwieriges Problem, analog dem von BROUWER in [11] behandelten.

Es ist nun klar, daß die Wahlfolge nicht den einzelnen mathematischen Gegenstand, sondern die Gesamtheit, die Menge, zu ersetzen bestimmt ist. Während die einzelne reelle Zahl durch eine gesetzmäßige Folge gegeben wird, ist das Kontinuum durch die Wahlfolge, deren Freiheit nur durch die Konvergenzbedingung eingeschränkt wird, vermittelt.

Nach der Einführung der Wahlfolgen kann in der Logik der Ausdruck „für alle x" nicht mehr mit „für jedes einzelne x" identifiziert werden; für Wahlfolgen muß er die oben angedeutete Bedeutung erhalten. Die formale Logik wird durch diese Umdeutung nicht be-

2*

einflußt; es zeigt sich aber, daß gewisse Sätze, die früher bloß als unbeweisbar gelten mußten, jetzt falsch sind. Als erstes Beispiel dieser Art gab BROUWER [24] den „mehrfachen Satz vom ausgeschlossenen Dritten zweiter Art" an, d. h. die Anwendung des Satzes vom ausgeschlossenen Dritten auf unendlich viele Probleme zugleich. Ein Beispiel aus dem Funktionenkalkul ist die Formel $(x) \neg \neg a \supset \neg \neg (x)a$, zu der sich unter Verwendung von Wahlfolgen ein Gegenbeispiel angeben läßt (HEYTING [6], S. 65).

Zahlenrechnen. Die Verwendbarkeit der Wahlfolgen in der Mathematik beruht auf der Möglichkeit, Zuordnungen zwischen Wahlfolgen zu definieren. Der Folge α kann eine Folge β dadurch zugeordnet werden, daß jede Wahl von β durch ein endliches Anfangssegment von α bestimmt wird. Einfache Beispiele solcher Zuordnungen bilden die Definitionen der Rechenoperationen. Sind diese einmal gegeben, so ergeben sich die rein rechnerischen Resultate der elementaren Arithmetik und Algebra ohne Schwierigkeit; doch können Komplikationen auftreten, sobald von Ungleichheiten Gebrauch gemacht wird. „*a ist verschieden von b*" $(a \neq b)$ bedeutet in BROUWERs Terminologie, daß $a = b$ unmöglich ist. Auf dem Kontinuum hat man weiter die Beziehung „*a ist positiv verschieden von b*" oder „*a liegt entfernt von b*" $(a \,\#\, b)$; diese ist erfüllt, wenn in den Intervallfolgen, die a und b bestimmen, zwei außerhalb voneinander liegende Intervalle bekannt sind. Offenbar folgt $a \neq b$ aus $a \,\#\, b$; das Umgekehrte kann aber nicht behauptet werden. Ferner ist, wie man leicht einsieht, die Negation von $a \neq b$, und auch diejenige von $a \,\#\, b$, mit $a = b$ äquivalent. Daß es reelle Zahlen gibt, für welche weder $a = 0$ noch $a \neq 0$ bekannt ist, hat BROUWER durch Beispiele erläutert [26]. Es wird $a \,\circ\!> b$ geschrieben, wenn in der Intervallfolge für a ein Intervall bekannt ist, das außerhalb und rechts von einem Intervall in der Folge für b liegt. Aus $a \,\#\, b$ folgt entweder $a \,\circ\!> b$ oder $b \,\circ\!> a$.

4. Beispiele. Wir wollen nun die Eigentümlichkeiten der intuitionistischen Mathematik an einigen Beispielen erläutern. In den folgenden Sätzen der klassischen Mathematik sind a und b reelle Zahlen; $\neq$ bedeutet „ist verschieden von".

(a) Aus $a = 0$ folgt $ab = 0$.

(b) Aus $ab \neq 0$ folgt $a \neq 0$ und $b \neq 0$.

(c) Aus $a \neq 0$ und $b \neq 0$ folgt $ab \neq 0$.

(d) Aus $ab = 0$ folgt entweder $a = 0$ oder $b = 0$.

Man beweist leicht direkt, daß (a) auch in der intuitionistischen Mathematik gilt; daraus ergibt sich durch einen indirekten Beweis sofort (b), worin jetzt $\neq$ als „verschieden" in dem oben angegebenen negativen Sinn gedeutet wird. Viel wichtiger als (b) ist für die Anwendungen der positive Satz:

(b') Aus $ab \,\#\, 0$ folgt $a \,\#\, 0$ und $b \,\#\, 0$,

der, weil seine Behauptung positiv ist, nur direkt bewiesen werden kann. Der Beweis ist nicht einmal sehr einfach.

An Stelle von (c) beweist man gewöhnlich:

(c') Aus $a \,\#\, 0$ und $b \,\#\, 0$ folgt $ab \,\#\, 0$;

der direkte Beweis gilt auch intuitionistisch. Aus (c') folgt aber (c), der sowohl in der Behauptung als in dem Gegebenen von (c') verschieden ist, erst auf einem Umweg:

(d_1) Aus $ab = 0$ und $a \,\#\, 0$ folgt $b = 0$

[denn wäre $b \,\#\, 0$, so wäre $ab \,\#\, 0$ nach (c')].

(d_2) Aus $ab = 0$ und $b \neq 0$ folgt $a = 0$

[denn wäre $a \,\#\, 0$, so wäre $b = 0$ nach (d_1)].

(c) Aus $a \neq 0$ und $b \neq 0$ folgt $ab \neq 0$

[denn wäre $ab = 0$, so würde aus $b \neq 0$ nach (d_2) folgen $a = 0$].

Durch Umkehrung erhält man aus (c) den Satz:

(d_3) Aus $ab = 0$ folgt, daß nicht zugleich $a \neq 0$ und $b \neq 0$ sein kann.

Der Schluß: „dann kann entweder a oder b nicht von 0 verschieden sein, und daher ist entweder a oder b gleich 0" ist nicht stichhaltig. Es kann nämlich vorkommen, daß man im Unsicheren darüber ist, ob eine der Zahlen a und b von 0 verschieden ist, und wenn so, welche. Für die folgenden Zahlen trifft dieser Fall bei dem heutigen Stand der Wissenschaft zu; wenn das in den Definitionen gebrauchte ungelöste Problem gelöst wird, kann man es sofort durch ein anderes ersetzen. Es sei k die Rangnummer derjenigen Ziffer in der dezimalen Entwicklung von π, bei der die erste Sequenz 0123456789 in dieser Entwicklung anfängt. a sei der Limes der Folge (a_n); $a_n = 2^{-n}$ für $n < k$ oder $n \geq k$ und k gerade; $a_n = 2^{-k}$ für k ungerade und $n \geq k$; b werde in derselben Weise definiert unter Verwechslung von „gerade" und „ungerade". Diese Definitionen gestatten die Berechnung von a und b mit beliebiger Genauigkeit; sie unterscheiden sich prinzipiell in nichts von geläufigeren Definitionen von reellen Zahlen. Aus ihnen geht hervor, daß der Satz (d) intuitionistisch als nicht bewiesen abgelehnt und durch (d_2) oder (d_3) ersetzt werden muß.

Man erkennt in diesem Beispiel schon zwei wesentliche Merkmale der intuitionistischen Mathematik, nämlich erstens die Erfüllung von scheinbar negativen Sätzen mit positivem Inhalt, wodurch die negativen Beweise unzureichend werden, und zweitens die Verschärfung der Disjunktion; diese kann nur sinnvoll sein, wenn die Möglichkeit der Entscheidung in ihr mit einbegriffen wird.

Als zweites Beispiel wählen wir den Satz von Bolzano-Weierstrass, dessen Beweis an dem Schubfachschluß scheitert. Ist eine Folge von reellen Zahlen zwischen 0 und 1 durch ein Gesetz festgelegt, so braucht in dieser Definition kein Mittel gegeben zu sein, zu entscheiden, ob zwischen 0 und $\frac{1}{2}$ oder zwischen $\frac{1}{2}$ und 1 unendlich viele Glieder der Folge liegen. Auch diese Schwierigkeit kann als eine Folge der Verschärfung der Disjunktion gelten.

In einer anderen Form finden wir sie, wenn z. B. der Satz von
DESARGUES sowohl für Dreiecke, die in derselben Ebene liegen als auch
für Dreiecke, deren Ebenen voneinander entfernt sind, bewiesen ist;
der Satz kann dann nicht als allgemein bewiesen betrachtet werden,
weil im allgemeinen die Entscheidung, welcher dieser Fälle eintritt,
nicht möglich ist (HEYTING [3], S. 511).

Seltener sind die „reinen Existenzbeweise" folgender Art: Die
Spezies der algebraischen Zahlen ist abzählbar, das Kontinuum nicht;
daher gibt es reelle transzendente Zahlen. Wir wollen nun davon ab-
sehen, daß der negative Begriff der nichtalgebraischen Zahl durch den
positiven der transzendenten (von jeder algebraischen Zahl entfernten)
Zahl ersetzt werden sollte; auch so ist durch obigen Schluß bloß bewiesen:

(a) Es ist unmöglich, daß jede reelle Zahl algebraisch ist,
aber nicht einmal:

(b) Es ist unmöglich, daß es keine nichtalgebraische reelle Zahl gibt.

Daß (b) etwas weiter geht als (a), ersieht man aus der Vergleichung
der Sätze (c) und (d):

(c) Jede reelle Zahl ist algebraisch.

(d) Es gibt keine nichtalgebraische reelle Zahl.

Für den Beweis von (c) wäre eine Vorschrift notwendig, die uns in
den Stand setzte, zu jeder reellen Zahl die algebraische Gleichung, der
sie genügte, zu bilden. Eine solche Vorschrift braucht ein Beweis des
negativen Satzes (d) nicht zu enthalten. Da (c) weiter geht als (d),
geht (b) weiter als (a).

Das letzte Beispiel zeigt deutlich, daß man den intuitionistischen
Anforderungen nicht durch terminologische Zugeständnisse gerecht
werden kann; die Änderungen, zu denen sie zwingen, sind so eingreifend,
daß eine Revision nicht ausreicht, sondern daß es vielmehr einer
Rekonstruktion bedarf. Wir gehen jetzt zu den bereits vorhandenen
Anfängen von diesem Neubau über.

5. Arithmetik und Algebra. Der Begriff der irrationalen Zahl kann
positiv gefaßt werden: eine reelle Zahl heißt positiv irrational, wenn
sie von jeder rationalen Zahl entfernt ist. BROUWER [8] hat bewiesen,
daß jede algebraische Zahl entweder rational oder positiv irrational
ist und daß die Zahl π positiv irrational ist.

Die Division ist nur durch eine von 0 entfernte Zahl möglich; dadurch
ergeben sich zu vielen Sätzen Ausnahmefälle. So besitzt die Gleichung
$ax + by = 0$ nur dann eine nichttriviale Lösung, wenn entweder
$a = b = 0$ oder $a \mathbin{\#} 0$ oder $b \mathbin{\#} 0$. Im allgemeinen gelten die Sätze
der elementaren Arithmetik und Algebra, wenn etwa in den Prämissen
vorkommende Ungleichheitsbeziehungen durch die entsprechenden Ent-
fernungsbeziehungen ersetzt werden; in der Behauptung enthaltene
Ungleichheiten bleiben nur erhalten, wenn der Beweis eine positive
Gestalt hat oder zu einem positiven Beweis umgestaltet werden kann.

In der Theorie der linearen Gleichungen hat HEYTING, auch für den Fall des Schiefkörpers, die Hauptsätze aufgestellt und bewiesen [2]; er wendet sie an auf die Anfänge der analytischen Geometrie.

Wurzelexistenz. Eine Sonderstellung nimmt, seiner nichtalgebraischen Natur gemäß, der Satz von der Wurzelexistenz algebraischer Gleichungen ein. B. DE LOOR gab in seiner Dissertation [1] eine Analyse der verschiedenen klassischen Beweise. Diese zerfallen in zwei Klassen, nämlich erstens die reinen Existenzbeweise, die kein Mittel angeben, eine Wurzel wirklich zu berechnen, wie z. B. der erste (vierte) Beweis von GAUSS. Diese führen intuitionistisch nicht zu wichtigen Resultaten. Andere Beweise, wie der zweite von GAUSS, geben ein Mittel zur Berechnung einer Wurzel an für den Fall, daß die Diskriminante nicht Null ist; intuitionistisch gelten sie im günstigsten Fall für Gleichungen mit von Null entfernter Diskriminante. Weil nicht behauptet werden kann, daß die Diskriminante immer entweder Null oder von Null entfernt ist, sind auch diese Beweise nicht allgemein. Sie können aber meistens durch einfache Zusätze gültig gemacht werden für Gleichungen mit komplexrationalen Koeffizienten $(a + bi,\ a$ und b rational). BROUWER und DE LOOR [1] haben ein Verfahren angegeben, das von diesem Sonderfall auf den Fall, daß der erste Koeffizient der Gleichung von Null entfernt ist, führt. Ungefähr gleichzeitig gab WEYL [4] einen intuitionistisch einwandfreien Beweis für diesen Fall. Später hat BROUWER [15] seine Methode ausgedehnt auf Gleichungen, in denen ein beliebiger Koeffizient von Null entfernt ist, während es für die Koeffizienten höherer Potenzen unbekannt sein darf, ob sie gleich Null sind; die linke Seite einer solchen Gleichung läßt sich in Linearfaktoren zerlegen.

Reihen. In der Theorie der unendlichen Reihen hat BROUWER [14] bemerkt, daß der klassische Begriff der Konvergenz sich in verschiedene Begriffe spaltet; eine beschränkte monotone Folge von reellen Zahlen braucht nicht konvergent zu sein, und die Konvergenz selber kann positiv oder negativ definiert werden. Im Anschluß an diese Bemerkung hat BELINFANTE verschiedene Teile der Theorie entwickelt [1, 2, 3, 4, 5]; es zeigt sich, daß bei Beschränkung auf positiv konvergente Folgen nur relativ unbedeutende Ergänzungen zu den Sätzen und Beweisen notwendig sind; daneben ergibt sich eine ähnlich verlaufende Theorie der negativ konvergenten Folgen. Bemerkenswert ist der Satz [4], daß eine positiv (negativ) absolut konvergente Reihe auch positiv (negativ) unbedingt konvergiert; das Umgekehrte ist nicht richtig. BELINFANTE führt noch den allgemeineren Begriff der mehrfachen negativen Konvergenz ein [3] und dehnt seine Betrachtungen auf summierbare divergente Reihen aus [2].

Differential- und Integralrechnung. Diejenigen Sätze der Differential- und Integralrechnung, die rein rechnerisch geprüft werden können, lassen sich, im allgemeinen unter Beschränkung auf Funktionen, die in einem Intervall gleichmäßig stetig sind, ohne weiteres übertragen. Anders steht es mit Existenzsätzen wie dem, daß eine reelle stetige Funktion $f(x)$ mit $f(x_1) <_\circ 0$ und $f(x_2) _\circ> 0$ zwischen x_1 und x_2 eine Nullstelle besitzt. Man kann für jedes positive ε ein zwischen x_1 und x_2 liegendes Intervall i_ε angeben, so daß $|f(x)| <_\circ \varepsilon$ in i_ε; es kann aber mehrere i_ε geben, und man weiß nicht zuvor, welches dieser i_ε man wählen muß, damit ein i_η für jedes positive $\eta <_\circ \varepsilon$ in i_ε enthalten ist. Die Nullstelle ist dann nicht berechenbar. Der gleichen Schwierigkeit unterliegt der Satz, nach dem jede in einem abgeschlossenen Intervall stetige Funktion ihre extremen Werte erreicht. Es lassen sich die extremen Werte selbst mit beliebiger Genauigkeit angeben; nicht aber die Stellen, an denen sie erreicht werden.

Funktionentheorie. Neuerdings hat Belinfante [6] mit der Untersuchung der komplexen Funktionentheorie einen Anfang gemacht, indem er, unter Beschränkung auf gleichmäßig differenzierbare Funktionen, die Hauptsätze der Theorie nebst dem Weierstrassschen Unbestimmtheitssatz und den Picardschen Satz beweist. Besondere Erwähnung verdient der Satz von dem Integral der logarithmischen Ableitung, aus dem sich ein neuer intuitionistischer Beweis des Satzes von der Wurzelexistenz algebraischer Gleichungen einschließlich seiner intuitionistischen Ergänzung ergibt.

6. Mengenlehre. In der Mengenlehre unterliegt allererst der Mengenbegriff selbst der Kritik. Borel hatte bemerkt, daß die Cantorsche Definition nur auf endliche und abzählbar unendliche Mengen angewandt werden kann, auf die letzteren, weil, wenn auch nicht die Gesamtheit ihrer Elemente, so doch ihre gemeinsame Entstehungsart in ihrem Bildungsgesetz überblickt werden kann. Hier hat Brouwer durch die Einführung der Wahlfolgen eine neue Möglichkeit zur Erfassung unendlicher Gesamtheiten geschaffen. Die allgemeinste Definition einer *Menge* enthält zwei Gesetze, von denen das erste die Freiheit der Wahlen (man kann sich stets auf Wahlen aus den natürlichen Zahlen beschränken) einschränkt und das zweite den endlichen Folgen von gestatteten Wahlen bestimmte mathematische Gegenstände zuordnet. Das erste Gesetz muß so beschaffen sein, daß 1. nachdem n Wahlen gemacht sind, für jede natürliche Zahl feststeht, ob sie für die $(n + 1)$-te Wahl zulässig ist oder nicht; 2. für jedes $n > 1$ nach jeder Folge von $n - 1$ erlaubten Wahlen eine für die n-te Wahl zulässige Zahl angegeben werden kann. Das zweite Gesetz ordnet einer Folge von erlaubten Wahlen eine Folge von mathematischen Gegenständen zu, die *Element der Menge* heißt; es wird zugelassen, daß von einer bestimmten Wahl an jeder weiteren Wahl nichts mehr zugeordnet ist, so daß das der Wahlfolge entsprechende Element eine endliche Folge ist.

Die Menge heißt *finit*, wenn für jedes n eine solche Nummer k_n bestimmt ist, daß die Wahl einer größeren Zahl als k_n bei der n-ten

Wahl verboten ist. Sie heißt *individualisiert*, wenn gleichen und nur gleichen Wahlfolgen durch das zweite Gesetz gleiche Folgen zugeordnet sind. Nach BROUWER [25] ist jede Menge in einer individualisierten Menge und jede finite Menge in einer mit ihr in gewissem Sinn übereinstimmenden individualisierten Menge enthalten.

Als instruktives Beispiel behandelte M. EUWE [1] die Menge aller Schachpartien. Das wichtigste Beispiel ist das Linearkontinuum; durch geeignete Einengung der Wahlfreiheit kann man auf dem Kontinuum Punktmengen definieren; immer stärkere Einengung führt in stetigem Übergang zu gesetzmäßig bestimmten Punkten. Wichtig ist die Bemerkung, daß das Kontinuum nicht in Teilkontinuen zerlegt werden kann. Die Vereinigung der Intervalle von 0 bis 1 und von 1 bis 2 bildet kein Kontinuum, weil sie diejenigen Punkte, über deren Ordnungsrelationen zu dem Punkt 1 nichts bekannt ist, nicht enthält. Daraus geht hervor, daß eine Funktion in der Umgebung einer Sprungstelle nicht überall definiert sein kann; denn der Wert der Funktion muß allmählich mit beliebiger Genauigkeit bekannt werden, wenn das Argument mit genügender Genauigkeit angegeben wird, und das ist für die eben genannten Argumentwerte nicht möglich. Betreffs einer weitgehenden Verschärfung dieses Satzes vgl. man weiter unten.

Zwei Mengenelemente heißen *gleich*, wenn für jedes n der n-ten Wahl bei beiden Elementen der gleiche Gegenstand zugeordnet ist. Die Eigenschaft, einem Element der Menge m gleich zu sein, bezeichnet BROUWER als die *Mengenspezies m*. Mengenelemente und Mengenspezies heißen *mathematische Entitäten*. Eine Eigenschaft, welche nur einer mathematischen Entität zukommen kann, heißt *Spezies erster Ordnung*. Eine Eigenschaft, welche nur einer mathematischen Entität oder einer Spezies erster Ordnung zukommen kann, heißt *Spezies zweiter Ordnung* usw. Diese Definitionen sind offenbar so gewählt, um möglichst an die Terminologie der klassischen Mengenlehre anzuschließen; nur ist der Name ,,Menge'' vermieden, um jeden Gedanken an das Komprehensionsprinzip zu verhüten. Sowohl die Definition einer Menge als diejenige einer Spezies geht der Bildung ihrer Elemente logisch voran; der Unterschied ist, daß in der Definition der Menge die Entstehungsart ihrer Elemente mitgegeben ist, während die Elemente einer Spezies anderweitig definiert werden müssen, um nachher auf ihre Zugehörigkeit zur Spezies geprüft zu werden. Die sukzessive Definition der Spezies verschiedener Ordnungen, die an die RUSSELLsche Typentheorie erinnert, ergibt sich von selbst aus der Forderung, daß nur früher definierte Gegenstände in die Betrachtung hineingezogen werden können; sog. imprädikative Definitionen sind prinzipiell ausgeschlossen. Die Schwierigkeiten, welche in der axiomatischen Mengenlehre mit dem Eigenschaftsbegriff verbunden waren, treten hier nicht auf, eben weil eine solche Umfangsbestimmtheit, wie sie in der axiomatischen Theorie unerläßlich ist, hier nicht verlangt werden kann. Für das Erkennen einer mathematischen Eigenschaft als solche bedarf es in jedem Fall einer Berufung auf die Intuition. Die Definition der Spezies erster Ordnung ist genügend legitimiert durch den Umstand, daß es Eigenschaften von mathematischen Entitäten gibt, die z. B. in dem Gelingen einer mathematischen Konstruktion bestehen können. Wer das Komprehensionsprinzip nicht anerkennt, braucht nicht mehr zu verlangen.

Mächtigkeitstheorie. Auf Grund der obigen Definitionen hat BROUWER wichtige Teile der Mengenlehre entwickelt [6, 18]. In der Mächtigkeitstheorie ergibt sich eine weitgehende Aufspaltung der Begriffe. Zwei Spezies M und N heißen *gleichmächtig*, wenn zwischen M und N eine eineindeutige Beziehung hergestellt werden kann; M und N heißen *äquivalent*, wenn M eineindeutig auf eine Teilspezies von N und N eineindeutig auf eine Teilspezies von M abgebildet werden kann. Aus der Äquivalenz folgt nicht die Gleichmächtigkeit. BROUWER definiert noch mehrere Relationen, die klassisch mit Gleichmächtigkeit äquivalent wären; so zerfällt der Abzählbarkeitsbegriff in acht verschiedene Eigenschaften, von denen HEYTING gezeigt hat, daß sie weitgehend voneinander unabhängig sind [4]. Eine Spezies, die mit der Menge der natürlichen Zahlen gleichmächtig ist, heißt *abzählbar unendlich* oder *von der Kardinalzahl a*; den mit dem Kontinuum gleichmächtigen Spezies wird die *Kardinalzahl c* zugeordnet. Daß $c > a$ (diese Relation wird genau definiert), folgt sofort aus dem Wesen der Wahlfolge. Die Möglichkeit, Spezies von höherer Mächtigkeit als c zu bilden, ist noch kaum untersucht; jedenfalls wird diese Theorie gar keine Berührungspunkte mit der klassischen Theorie besitzen. Mit der Spezies T aller Teilspezies einer gegebenen Spezies S ist nichts anzufangen, weil erstens der Begriff einer „beliebigen Eigenschaft" keinen Anhalt bietet und zweitens ein brauchbares Kriterium für die Gleichheit zweier Elemente von T im allgemeinen fehlt. Die Spezies B der Belegungen von S mit sich selbst wird durch die Forderung, daß jedes Element von B durch ein Gesetz bestimmt sein muß, stark eingeschränkt; so besteht die Belegungsspezies F des Einheitskontinuums K mit sich selbst aus den in K gleichmäßig stetigen Funktionen mit Wertverlauf in K (vgl. S. 29). Wenn jedem Element c von K ein Element $f(x, c)$ von F zugeordnet ist, so ist diese Zuordnung gleichmäßig stetig in bezug auf c. Diese Andeutungen zeigen, daß das „Diagonalverfahren" im allgemeinen keine Anwendung finden kann.

Ordnungstheorie. In der Ordnungstheorie geht BROUWER ([18], II) aus von der Definition der virtuellen Ordnung. Eine Spezies P heißt *virtuell geordnet*, wenn für die Elemente einer Teilspezies der Spezies der Elementepaare von P eine Relation $a < b$ oder $b > a$ besteht, welche folgende „Ordnungseigenschaften" besitzt:

1. Die Beziehungen $r = s$, $r < s$ und $r > s$ schließen einander aus.
2. Aus $r = u, s = v$ und $r < s$ folgt $u < v$.

3. Aus der gleichzeitigen Ungereimtheit der Beziehungen $r > s$ und $r = s$ folgt $r < s$.

4. Aus der gleichzeitigen Ungereimtheit der Beziehungen $r > s$ und $r < s$ folgt $r = s$.

5. Aus $r < s$ und $s < t$ folgt $r < t$.

Die früher für die Elemente des Kontinuums definierte Relation $<\circ$ genügt den Axiomen 1, 2, 4, 5, aber nicht 3. Setzt man $a < b$, wenn sowohl $a \circ\!\!> b$ als $a = b$ ungereimt ist, so ergibt sich eine virtuelle Ordnung des Kontinuums.

BROUWER [22] hat gezeigt, daß eine virtuelle Ordnung unerweiterbar ist, d. h. daß jede Beziehung $a < b$, die mit den gegebenen ordnenden Relationen und mit den Axiomen verträglich ist, zu den gegebenen Relationen gehört.

In ([18], II) behandelt er die Theorie der Addition und Multiplikation von Ordnungstypen; er beweist die bekannte Kennzeichnung des Ordnungstyps η und gibt eine neue Definition des Kontinuums, die eine sinngemäße Übertragung der Theorie der DEDEKINDschen Schnitte in die intuitionistische Mathematik darstellt.

Wohlordnung. Die Theorie der Wohlordnung beschränkt sich auf die durch Anwendung der ersten zwei Konstruktionsprinzipien (1. Addition einer nicht verschwindenden endlichen Anzahl, 2. Addition einer Fundamentalreihe von bekannten wohlgeordneten Spezies) erhaltbaren wohlgeordneten Spezies; sie ist von BROUWER erweitert worden, indem er Leerstellen zuläßt. Läßt man keine Nullelemente zu, so ist jede wohlgeordnete Spezies entweder endlich oder abzählbar unendlich; zwei wohlgeordnete Spezies mit Nullelementen brauchen nicht vergleichbar zu sein. Der Satz, daß jede Teilspezies einer wohlgeordneten Spezies ein erstes Element besitzt, gilt nicht; dagegen bleibt die Eigenschaft, daß eine wohlgeordnete Spezies keine Teilspezies des Typus ω^* enthält, auch in ihrer positiven Form behalten. Diese Theorie ist für die intuitionistische Mathematik darum besonders wichtig, weil jede mathematische Konstruktion aus einer wohlgeordneten Spezies von Einzelschritten besteht. Diese Einsicht führte BROUWER zu seinem Hauptsatz der finiten Spezies [11, 12, 23]: „Wenn jedem Elemente e einer finiten Menge M eine natürliche Zahl β_e zugeordnet ist, so kann eine solche natürliche Zahl z angegeben werden, daß β_e durch die ersten z der e erzeugenden Wahlen vollständig bestimmt ist." Dieser Satz, der ein Sonderfall eines allgemeineren, für beliebige Spezies geltenden Satzes darstellt, liegt den wichtigsten Resultaten der intuitionistischen Funktionentheorie zugrunde.

7. Punktspezies. Die Theorie der ebenen Punktspezies hat BROUWER in ([6], II) behandelt. Ein Punkt der Ebene wird durch eine Folge von λ-Quadraten bestimmt in analoger Weise wie ein Punkt des Linearkontinuums durch λ-Intervalle. Eine Punktspezies, in welcher für jedes ν

die ν-ten Quadrate von allen Punkten die gleiche Seitenlänge besitzen, heißt *gleichmäßig*. Jede Punktspezies fällt mit einer gleichmäßigen Punktspezies und jede Punktmenge mit einer gleichmäßigen Punktmenge zusammen. BROUWER behandelt zunächst die Theorie der Ableitungen und die Analoga zur CANTORschen Zerlegung; beide Prozesse lassen sich bis zu beliebigen konstruktiven Ordinalzahlen fortsetzen; es kann eine Ordinalzahl bekannt sein, bei der sie abbrechen. Es gilt der Satz: Jede perfekte Punktspezies Q, welche wenigstens einen Punkt enthält, ist dem Kontinuum äquivalent.

MENGER ([1], I) hat bemerkt, daß die BROUWERschen Punktmengen nach klassischer Auffassung mit den analytischen Punktmengen zusammenfallen. Da für den Beweis dieses Satzes erstens der Satz vom ausgeschlossenen Dritten gebraucht wird und zweitens der Begriff der Wahlfolge außer acht gelassen wird, ist er für die intuitionistische Mathematik nicht von Bedeutung.

Unter einem *Bereich* wird eine abzählbar unendliche Spezies von λ-Quadraten verstanden, mit der Eigenschaft, daß sich zu jedem ihrer Quadrate eine endliche Menge von ebenfalls zum Bereich gehörigen Quadraten angeben läßt, welche es vollständig einschließen. Die *Bereichkomplemente* bilden eine besondere Klasse von abgeschlossenen Punktspezies. BROUWER behandelt auch die Theorie der inneren und äußeren Grenzspezies. Der folgende Satz ist hervorzuheben: „Jede wenigstens einen Punkt enthaltende, in sich dichte innere Grenzspezies ist dem Kontinuum äquivalent."

An die Definition der Bereiche schließt sich unmittelbar eine *Inhaltsdefinition* an; jedoch braucht nicht jeder Bereich meßbar zu sein. Es folgen Definitionen für den Inhalt von Bereichkomplementen, innere und äußere Grenzspezies und schließlich für beliebige Punktspezies. Die so entstehende Inhaltstheorie sieht am meisten der BORELschen ähnlich, ist aber einerseits in den Definitionen etwas allgemeiner, während andererseits infolge der Verwerfung des Satzes vom ausgeschlossenen Dritten die Meßbarkeit auf eine besondere Klasse von Punktspezies beschränkt bleibt. Für eine Weiterbildung im Sinne der LEBESGUEschen Inhaltstheorie ist in der intuitionistischen Mathematik kein Platz.

Topologie. Die kombinatorische Topologie und die Topologie der euklidischen Räume werden der intuitionistischen Behandlung wahrscheinlich keine unüberwindlichen Schwierigkeiten entgegenstellen. BROUWER hat schon einen Beweis für den JORDANschen Kurvensatz gegeben [19]. In der allgemeinen Topologie beschränkt BROUWER sich auf eine besondere Klasse von metrischen Räumen, die *katalogisiertkompakten Räume.* Für diese bearbeitete er seine Definition des Dimensionsbegriffes [20]; er bewies auch das HEINE-BORELsche Theorem [21]. Es scheint, daß eine von allen metrischen Begriffen unabhängige intuitionistische Topologie zur Unfruchtbarkeit verurteilt bleibt.

Funktionenlehre. Im Anschluß an seine Punktmengentheorie hat BROUWER die Funktionentheorie in Angriff genommen [10]. An der Spitze steht hier der Satz, daß jede in einem abgeschlossenen Intervall überall definierte Funktion in diesem Intervall gleichmäßig stetig ist [11, 12, 23]. Eine gleichmäßig stetige Funktion läßt sich immer durch Zuordnung von λ-Intervallen so definieren, daß jedem λ-Intervall der X-Achse ein λ-Intervall der Y-Achse entspricht, dessen Breite mit derjenigen des X-Intervalles gegen 0 konvergiert, wobei ineinander enthaltenen X-Intervallen ineinander enthaltene Y-Intervalle zugeordnet sind.

BROUWER [23] hat die Frage aufgeworfen, ob sich eine Definition eines *pseudovollen* Definitionsbereichs geben läßt, die „solche nach der klassischen Auffassung mit einem abgeschlossenen Intervall identische Spezies umfaßt, die auch vom intuitionistischen Standpunkt eine hinreichend enge Anschmiegung an ein Intervall aufweisen", und die als Definitionsbereich einer unstetigen pseudovollen Funktion auftreten können. Er schlägt auf Grund einiger Beispiele vor, „als pseudovolle Definitionsbereiche diejenigen und nur diejenigen Teilspezies des Einheitskontinuums zuzulassen, welche erstens mit dem Einheitskontinuum kongruent sind, zweitens für jede Maßbestimmung des Einheitskontinuums meßbar sind und den Inhalt 1 besitzen".

Geometrie. Eine selbständige Geometrie gibt es in der intuitionistischen Mathematik nicht. Es ist möglich, von Axiomen ausgehend, Lehrsätze abzuleiten, wie HEYTING [1, 3] es für die projektive Geometrie gemacht hat; der Sinn einer so entstehenden axiomatischen Geometrie ist folgender: In jedem mathematischen System, das die Axiome erfüllt, gelten auch die Lehrsätze. Die axiomatische Theorie bleibt leer, solange sie nicht durch eine analytische Geometrie erfüllt ist; auch ein Widerspruchsfreiheitsbeweis, der nicht eben mittels einer analytischen Deutung geführt wäre, würde daran nichts ändern. Im übrigen hat innerhalb der Mathematik die axiomatische Methode die gleichen Vorzüge wie für die klassische Mathematik, und sie kann auch außerhalb der Geometrie mit Erfolg angewandt werden.

Zweiter Abschnitt.

Axiomatik und Beweistheorie.

§ 1. Die axiomatische Methode.

1. Wesen der Methode. Die axiomatische Methode ist seit den bahnbrechenden Untersuchungen HILBERTS in seinen „Grundlagen der Geometrie" derart Gemeingut aller Mathematiker geworden und hat so viele Gebiete der reinen und angewandten Mathematik auch inhaltlich beeinflußt, daß sie kaum mehr zu den Grundlagen gerechnet werden kann. Weil außerdem ihre wichtigsten Anwendungen, nämlich die Grundlegung der Geometrie und der Mengenlehre, in dieser Sammlung eine gesonderte Darstellung erhalten werden, beschränken wir uns hier auf einige Bemerkungen, die geeignet sind, das Wesen der Methode und ihre Beziehungen zu den anderen Richtungen der Grundlagenforschung zu erhellen.

Bekanntlich besteht die Methode in folgendem:

1. Alle Grundbegriffe und Grundrelationen der zu axiomatisierenden Wissenschaft werden vollständig aufgezählt; jeder weitere Begriff muß durch Definition auf diese zurückgeführt werden.

2. Auch die Axiome, d. h. die ohne Beweis als richtig betrachteten Sätze, werden vollständig aufgezählt; alle übrigen Sätze werden aus ihnen auf rein logischem Wege gefolgert.

Fast noch fruchtbarer als für die Grundlagenforschung hat diese Methode sich zur Erschließung neuer Wissenschaftsgebiete erwiesen. Indem man einzelne Axiome wegläßt oder durch andere ersetzt, entstehen immer neue Theorien, deren Untersuchung oft geeignet ist, auch auf die Sätze der ursprünglichen Theorie und ihre gegenseitige Abhängigkeit neues Licht zu werfen. Neben den zahlreichen Untersuchungen über die Rolle der einzelnen Axiome in der Geometrie, die sich an HILBERTs Arbeit anschließen, ist die moderne Algebra ein schönes Beispiel für die Anwendung der Methode. Wird so einerseits die Anzahl und der Umfang der Forschungsgebiete durch axiomatische Betrachtung erweitert, so ist sie andererseits geeignet, durch Aufdeckung von Isomorphiebeziehungen Theorien, die ursprünglich ganz verschieden waren, zu verschmelzen. Alle diese Vorzüge der axiomatischen Methode gelten auch für die intuitionistische Mathematik, in der sie aber für die Grundlegung keine Bedeutung hat (vgl. Abschnitt I, § 5, Schluß).

Die obengenannten Forderungen 1. und 2. werden in den tatsächlich aufgebauten axiomatischen Systemen immer nur in beschränktem Sinne erfüllt, indem man sich auf diejenigen Grundbegriffe und Grundsätze beschränkt, die für das zu axiomatisierende Gebiet spezifisch sind. So werden in der Axiomatik der Geometrie meistens die arithmetischen Begriffe, in der axiomatischen Algebra die mengentheoretischen Begriffe vorausgesetzt. Man hat auch die Arithmetik und die Mengenlehre axiomatisiert; dann bleiben noch die Begriffe der Logik übrig. Die Begriffe der axiomatisierten Wissenschaft werden als Gegenstandsbegriffe aufgefaßt; die Begriffe des Gegenstandes, der Existenz, der Negation usw. werden vorausgesetzt. Solange die axiomatische Methode nur zur genauen Beschreibung einer unabhängig von ihr schon daseienden Wissenschaft gebraucht wird, ist das nicht schlimm. Es kann sogar ein Vorteil sein, weil so die Untersuchung der logischen Struktur, z. B. der Algebra, von fremden mengentheoretischen und rein logischen Fragen getrennt wird. Wenn ein vorher gegebenes Modell für das Axiomen-

system vorliegt, kann man den Gegenstandsbegriff und die Existenz-
weise der Gegenstände dieser Wissenschaft als bekannt betrachten. Dies
wird aber anders, wenn die Axiome als implizite Definitionen der betrachteten Gegenstände dienen sollen; es ist nicht klar, mit welchem
Recht man, wie es dann meistens geschieht, den gewöhnlichen Existenzbegriff anwendet in einem Gebiet, in welchem die existierenden Gegenstände erst durch die Axiome geschaffen werden sollen. Ein Ausweg ist
es, alle Sätze des Systems hypothetisch aufzufassen, wie folgt: „Wenn
alle Axiome gelten, so gilt auch dieser Satz"; aber auch dann wird man,
wenn man den Sätzen einen Inhalt geben will, von einer außeraxiomatischen Interpretation abhängig. Die Schwierigkeit kann nicht dadurch
beseitigt werden, daß man die Logik selbst axiomatisiert, weil es offenbar zirkelhaft wäre, die Begriffe, die den Axiomen erst ihren Sinn ver-
leihen sollen, aus der axiomatischen Logik selbst zu entnehmen.

Aus den genannten Gründen ist auch die Auffassung zu verwerfen,
nach der es in der Mathematik nur darauf ankommt, was aus bestimmten
Voraussetzungen *folgt*, während die innere Richtigkeit der Voraussetzungen nicht in Frage kommt (MENGER [2], S. 324). Diesen Standpunkt kann man erst einnehmen, nachdem die Bedeutung des Wortes
folgt feststeht. Dazu muß bekannt sein, was ein mathematischer Satz
ist; entweder er ist eine sinnlose Formel oder er hat einen bestimmten
Sinn, und in diesem Fall ist die Frage nach der Richtigkeit auch der
Voraussetzungen unvermeidlich. Es muß jedenfalls irgendeine Begründung der Mathematik vorangegangen sein, bevor man die Frage,
was aus gegebenen Voraussetzungen folgt, sinnvoll stellen kann.

Die axiomatische Methode, so wichtig sie sich für die Mathematik
erwiesen hat, ist also zur autonomen Begründung einer mathematischen
Wissenschaft ungeeignet; sie bedarf zur Sinngebung ihrer Resultate immer
einer außeraxiomatischen Interpretation. (Die meisten axiomatischen
Untersuchungen wurden auch von diesem Standpunkt aus unternommen.)
Erst in seiner Beweistheorie, in der HILBERT wesentlich über den hier
beschriebenen Standpunkt hinausging, hat er einen von der Axiomatik
ausgehenden Weg zu einer Begründung der Mathematik angegeben.

Wir setzen in diesem Paragraphen voraus, daß eine „Grunddisziplin"
zugrunde liegt, der Modelle für das Axiomensystem entnommen werden
können. Auf dieser Grundlage hat CARNAP [1] Untersuchungen über die
Begriffe der Widerspruchsfreiheit, Unabhängigkeit, Vollständigkeit und
Gleichwertigkeit von Axiomensystemen angestellt.

2. Widerspruchsfreiheit der Axiome. Eine wichtige Aufgabe der
Axiomatik bildet die Untersuchung der Axiomensysteme auf ihre Widerspruchsfreiheit. Die Widerspruchsfreiheitsbeweise in HILBERTS Grundlagen der Geometrie und in den anschließenden Untersuchungen werden
sämtlich durch Konstruktion eines arithmetischen Modells geführt; sie
setzen also die Arithmetik als gegeben voraus. HILBERT zeigt noch einen

anderern, direkten Weg. Man denke sich einen von den Axiomen ausgehenden logisch einwandfreien, in einen Widerspruch mündenden Beweis vorgelegt und führe die Annahme eines solchen Beweises ad absur-
dum. Die große Schwierigkeit ist, daß der Begriff des logisch einwandfreien Beweises keinen genügenden Anhalt bietet; die Deutung der
logischen Begriffe hängt von der Interpretation des Systems ab, so daß
auch diese Methode außeraxiomatische Begriffe benutzt. Diese Schwierigkeit wird in der Beweistheorie beseitigt.

Vollständigkeit. Die Vollständigkeit des Axiomensystems kann
auf sehr verschiedene Weise definiert werden. Erstens kann sie bedeuten, daß sich alle Eigenschaften des Gebietes, das durch die Axiome
beschrieben werden soll, aus den Axiomen ableiten lassen. Diese Definition ist offenbar nur dann anwendbar, wenn das axiomatisch untersuchte Gebiet vorher schon fertig vorhanden ist, wenn es also außer-
axiomatisch gegeben ist.

Zweitens kann man verlangen, daß die Axiome das Sachgebiet bis
auf eine isomorphe Beziehung vollständig beschreiben; d. h. daß je
zwei Realisierungen desselben notwendig isomorph sind. Dabei heißen
zwei Theorien isomorph, wenn sich die primitiven Gegenstände und
Relationen der ersteren so eineindeutig auf die primitiven Gegenstände
und Relationen der zweiten abbilden lassen, daß, wenn zwischen zwei
primitiven Gegenständen der ersten Theorie eine bestimmte Relation
stattfindet, die entsprechende Relation zwischen den entsprechenden
Gegenständen der zweiten besteht und umgekehrt. Man bemerke, daß auch
diese Definition der Vollständigkeit von einer außeraxiomatischen Interpretation abhängig ist: falls eine solche nicht existiert, was denkbar ist,
auch bei einem widerspruchsfreien System, wird die Definition hinfällig.

Eine Definition der Vollständigkeit, die nur das Axiomensystem
selbst benutzt, ist die der Nichtgabelbarkeit. Ein Axiomensystem genügt
ihr dann und nur dann, wenn es keinen mittels der axiomatischen Grundrelationen formulierbaren Satz gibt, der zugleich mit seiner Negation
mit den Axiomen verträglich ist. Auch hier ist die Bemerkung statthaft,
daß die Frage, ob ein bestimmter Satz mit den Axiomen verträglich ist,
erst einen eindeutigen Sinn hat, wenn der Begriff des einwandfreien
Beweises genügend präzisiert ist; dieser Begriff hängt aber, wie schon
bemerkt, von der außeraxiomatischen Deutung des Systems ab.

Gleichwertige Axiomensysteme. Auch die Gleichwertigkeit zweier
Axiomensysteme läßt sich relativ und absolut definieren. Erstens kann
man verlangen, daß jede Realisierung des ersten Systems zugleich
eine Realisierung des zweiten ist, und umgekehrt; zweitens daß jedes
Axiom des einen Systems als Satz aus dem anderen folgt und umgekehrt.
Gegenüber der zweiten Auffassung gelten die gleichen Bedenken wie
bei der Widerspruchsfreiheit und der Vollständigkeit; wir setzen also
die erste voraus.

Hier drängt sich die Frage auf, ob sich ein Kriterium dafür angeben läßt, welches unter verschiedenen gleichwertigen Axiomensystemen den Vorzug verdient. Von dem rein mathematischen Standpunkt wird man Unabhängigkeit der Axiome fordern; ferner kommen einfacher, ebenmäßiger Bau der Axiome und bequeme Ableitung der anderen Sätze in Betracht; man kann auch entweder die Anzahl der Grundbegriffe oder diejenige der Axiome möglichst einzuschränken suchen, ohne daß einer dieser Gesichtspunkte, die sich meistens nicht gleichzeitig verwirklichen lassen, zwingend vorgeschrieben wäre. Historisch hat für die Axiome der Geometrie der Grad der anschaulichen Evidenz für den Erfahrungsraum die wichtigste Rolle gespielt. M. GEIGER [1] hat den Versuch gemacht, den Standpunkt, daß jene Begriffe und Sätze, die für die anschauliche Raumauffassung primär sind, auch mathematisch als Grundbegriffe und Axiome auftreten sollen, methodisch durchzuführen. Er läßt zugunsten dieser Forderung sogar die Unabhängigkeit der Axiome fallen. Von den Grundbegriffen Punkt, Gerade, Ebene und der Relation der Inzidenz ausgehend, sucht er systematisch die Axiome auf, indem er nacheinander binäre, ternäre usw. Relationen in die Betrachtung hineinzieht. Vom mathematischen Standpunkt ist aus diesen Untersuchungen noch nicht viel Bemerkenswertes hervorgegangen. Einen verwandten Standpunkt nahm PASCH ein; für ihn sind die Axiome nichts anderes als die einfachsten und gesichertsten Ergebnisse der Erfahrung (Abschnitt III, § 3).

3. Axiomatik der Mengenlehre. Daß die axiomatische Methode in ihrer älteren Form zur autonomen Begründung einer mathematischen Disziplin ungeeignet war, zeigt sich besonders deutlich bei der Begründung der Mengenlehre, weil es da kein allgemein anerkanntes Sachgebiet gibt, auf das sich die Axiome beziehen können. Im Gegenteil stellte ZERMELO [1] sich die Aufgabe, für die in ihrer ursprünglichen Form als unhaltbar erwiesene Mengenlehre CANTORS einen Ersatz zu bilden und im besonderen die Möglichkeiten der Mengenbildung derart einzuschränken, daß keiner der bekannten Widersprüche mehr auftreten konnte. Seine Axiome sind denn auch größtenteils von der Art, daß sie gestatten, aus der Existenz gewisser Mengen auf die Existenz anderer Mengen zu schließen. Auf diesen Existenzbegriff wird die klassische Logik angewandt, ein, wie wir schon früher bemerkten, ungerechtfertigtes Verfahren. Es ist kaum denkbar, daß es eine Verwirklichung des Axiomensystems der Mengenlehre geben kann; daher sind auch alle Diskussionen über die Wahrheit der Axiome, insoweit damit mehr als ihre Widerspruchsfreiheit mit den anderen Axiomen gemeint wird, eigentlich inhaltslos. Vergegenwärtigt man sich die prinzipielle Unmöglichkeit einer Interpretation der mengentheoretischen Axiome, so scheint es natürlich, sie der HILBERTschen Beweistheorie, in der die Sätze grundsätzlich nicht interpretierbar sind, anzugliedern. Die soeben gemachten Einwände würden dadurch ihre Gültigkeit verlieren. Die vollständige Formalisierung der Mengenlehre kann durch die Arbeiten Fränkels, insbesondere durch die Ausmerzung des Eigenschaftsbegriffs, als geleistet betrachtet werden; formalisiert man auch die in ihr auftretenden logischen Grundsätze, so kann sie als der Arithmetik gleichberechtigt in die Beweistheorie eingefügt werden. Freilich wäre der Widerspruchsfreiheitsbeweis für sie wohl noch viel schwieriger als für die Arithmetik.

Mengentheoretische Definition der natürlichen Zahlen. Die Zermelosche Theorie ist von Fränkel [1, 2, 3, 4] vervollständigt und weiter ausgebaut worden. Auf anderer Grundlage, aber prinzipiell von dem gleichen Standpunkt aus, hat v. Neumann [1, 3] die Mengenlehre formalisiert. Wir wollen diese Untersuchungen hier nicht behandeln, sondern nur kurz ihre Stellungnahme zu einer Frage besprechen, die auch die Nichtmengentheoretiker angeht, nämlich die Definition der endlichen Mengen und der natürlichen Zahlen. Bekanntlich hat Dedekind als erster zwei Definitionen der endlichen Mengen gegeben; später haben andere Autoren ihnen andere an die Seite gestellt, die ihnen sämtlich, z. B. in der Axiomatik von Fränkel, äquivalent sind, aber sich dadurch voneinander unterscheiden, daß einige ohne den Begriff der Ordnung, andere ohne den Begriff der Äquivalenz auskommen. Für diese Definitionen und ihre Vergleichung verweisen wir auf die Darstellung von Tarski [1]. Auf Grund einer solchen Definition kann man die wichtigsten Eigenschaften der endlichen Mengen beweisen.

Die Theorie der natürlichen Zahlen schließt sich bei Fränkel an das Unendlichkeitsaxiom an. Dieses lautet so: „Es existiert überhaupt eine Menge, und zwar mindestens eine Menge Z von folgenden beiden Eigenschaften: Die Nullmenge ist Element von Z, und falls m ein beliebiges Element von Z ist, so ist auch $\{m\}$ (d. h. diejenige Menge, die m als einziges Element enthält) Element von Z." Man kann nun auf Grund der übrigen Axiome zeigen, daß es eine kleinste Menge Z_0 dieser beiden Eigenschaften gibt; Z_0 wird die Rolle der Zahlenreihe übernehmen. Ihre Theorie kann erst entwickelt werden, nachdem der Ordnungsbegriff eingeführt ist; dann beweist Fränkel [3], daß Z_0 derart geordnet werden kann, daß

1. zu jedem Element a das folgende $\{a\}$ heißt;

2. zu jedem Element, die Nullmenge ausgenommen, das unmittelbar vorhergehende existiert;

3. für die so geordnete Menge Z_0 der Satz der vollständigen Induktion gilt;

4. die Menge derjenigen Elemente von Z_0, die in dieser Ordnung einem beliebigen Element vorangehen, endlich ist in dem oben angegebenen Sinn.

Es ließe sich zeigen, daß auch das Umgekehrte von 4. gilt, so daß die Theorie der endlichen Mengen mit derjenigen der Abschnitte von Z_0 zusammenfällt; 4. und ihre Umkehrung, die die natürlichen Zahlen mit den endlichen Mengen verknüpfen, sind aber für die Theorie der ersteren unwesentlich. Es bietet nun keine großen Schwierigkeiten mehr, die ganze Arithmetik auf mengentheoretischer Grundlage aufzubauen. Trotzdem zwischen dieser Theorie und der gewöhnlichen inhaltlichen Arithmetik eine weitgehende formale Übereinstimmung herrscht, gibt es keine Brücke von der einen zu der anderen, denn für inhaltliche Betrachtungen haben die mengentheoretischen Axiome keine Geltung. v. Neumann [3] hat es klar ausgesprochen, daß die inhaltliche Arithmetik auch für die axiomatische Mengenlehre unentbehrlich ist und nicht durch einen Teil der axiomatischen Theorie ersetzt werden kann. Auch Skolem [1] hat diesen Punkt hervorgehoben.

Axiomatik der Arithmetik. Der Versuch, die Arithmetik direkt axiomatisch zu begründen, ist zuerst von Peano in seinem berühmten Axiomensystem gemacht worden. Es lautet, in die gewöhnliche Sprache übersetzt:

1. 0 ist eine Zahl.
2. Wenn a eine Zahl ist, so ist $a + 1$ eine Zahl.
3. Wenn 0 zu der Klasse s gehört und jedesmal, wenn die Zahl x zu s gehört, auch $x + 1$ zu s gehört, so gehört jede Zahl zu s.
4. Sind a und b Zahlen und ist $a + 1 = b + 1$, so ist $a = b$.
5. Ist a eine Zahl, so ist $a + 1$ nicht gleich 0.

Ein Axiomensystem für die reellen Zahlen gab Hilbert an [3]. An die Weiterführung des Gedankens, auch die Arithmetik zu axiomatisieren, knüpft sich die Entstehung der Hilbertschen Beweistheorie.

§ 2. Hilberts Beweistheorie.

1. Frühere Arbeiten Hilberts. Die Entwicklung von Hilberts Gedankengang läßt sich durch eine Reihe von Vorträgen mit seltener Klarheit und Vollständigkeit verfolgen. Seine Theorie entfaltet sich von zwei Hauptgesichtspunkten aus, nämlich *erstens* der Anwendung der axiomatischen Methode auch auf die Analysis, *zweitens* dem von Poincaré herrührenden Gedanken, mathematische Existenz als Widerspruchsfreiheit zu definieren. In [3] gibt er ein Axiomensystem für die Arithmetik der reellen Zahlen an; es macht den Eindruck, als ob dieses System weniger eine autonome Begründung der Analysis als eine genaue Umschreibung derjenigen Eigenschaften, die zu ihrem Aufbau notwendig sind, bezweckt. Das Problem der Widerspruchslosigkeit wird an dieser Stelle kaum gestellt. Es wird in dem berühmten Pariser Vortrag [2] in den Vordergrund geschoben; hier wird aber nicht recht klar, mit welchen Mitteln es gelöst werden soll, wenn die Arithmetik nicht zur Verfügung steht. Auch der Existenzbegriff ist noch nicht von jeder Unklarheit befreit: einerseits gilt auch hier die schon früher gemachte Bemerkung, daß das axiomatische System nur dann einen Sinn hat, wenn es auf irgendeine „existierende" Realisierung angewandt wird; andererseits soll die Existenz der Gegenstände der Arithmetik erst durch die Widerspruchsfreiheit der Axiome gewährleistet werden. Diese Schwierigkeit wurde erst durch die Beweistheorie von 1922 beseitigt.

In dem Vortrag [4] bemerken wir eine wesentliche Änderung des Standpunktes, welche vor allem in den folgenden Betrachtungen zum Ausdruck gelangt. Erstens sei, im Gegensatz zu der Begründung der Geometrie, die Berufung auf eine andere Grunddisziplin bei der Begründung der Arithmetik unerlaubt; auch die Logik dürfe nicht vorausgesetzt werden, weil bei der hergebrachten Darstellung der Gesetze der Logik gewisse arithmetische Grundbegriffe bereits zur Verwendung kommen. Zweitens gehe aus den mengentheoretischen Paradoxien hervor, daß eine Neubegründung der Logik notwendig sei. Nach einer kurzen Auseinandersetzung mit den zu jener Zeit führenden Richtungen wird nun ein gemeinsamer Aufbau von Logik und Arithmetik gefordert und auch skizzenhaft durchgeführt. Dieser Aufbau ist stark formalisiert; die Zeichen werden aber als Namen für „Gedankendinge" aufgefaßt. Was den Beweis der Widerspruchsfreiheit und den Existenzbegriff betrifft, steht HILBERT hier noch durchaus auf dem gleichen Standpunkt wie 1900.

In dem Vortrag von 1917 [5] wich HILBERT insoweit von dem in den früheren Vorträgen vorgezeichneten Weg ab, als er hier unter dem Eindruck der Leistungen RUSSELLS die Arithmetik und die Mengenlehre als Teile der Logik entwickeln will; die Frage nach der Widerspruchsfreiheit der Logik stellt er nicht. Am wichtigsten ist der letzte Teil des Vortrags; hier wird zur Lösung einer Reihe von Problemen („das Problem der prinzipiellen Lösbarkeit einer jeden mathematischen Frage, ..., die Frage nach dem Verhältnis zwischen Inhaltlichkeit und Formalismus in Mathematik und Logik und endlich das Problem der Entscheidbarkeit einer mathematischen Frage durch eine endliche Anzahl von Operationen") gefordert, „den Begriff des spezifisch mathematischen Beweises selbst zum Gegenstand einer Untersuchung (zu) machen". Wir erblicken hierin den Keim der späteren „Beweistheorie".

In den Veröffentlichungen von 1922 [6, 7] tritt uns die Beweistheorie ziemlich vollendet entgegen; später hat HILBERT immer neue Argumente für sie angeführt und sie weiter ausgebaut und auf neue Probleme angewandt. Eine ausführlichere Darstellung gibt ACKERMANN [1]. Als einführende Darstellungen sind empfehlenswert HILBERT [11], v. NEUMANN [5] und HERBRAND [4]. Von dem schon seit längerem angekündigten großen Werk von HILBERT und BERNAYS [1] ist vor kurzem der erste Band erschienen. Dieser konnte für das Folgende nicht mehr berücksichtigt werden. Für ein eingehendes Studium der Beweistheorie sei ein für allemal auf dieses Buch verwiesen.

2. Grundgedanken der Beweistheorie. Nach der Auffassung der Beweistheorie wird die Mathematik ersetzt durch ein Verfahren zur rein mechanischen Herleitung von Formeln; sie wird deshalb auch als die formalistische Auffassung bezeichnet. Bestimmte Zeichenzusammenstellungen werden als ,,Axiome" vorangestellt, und es werden Regeln angegeben, durch welche man aus den Axiomen in rein mechanischer Weise andere Zeichenkombinationen, ,,beweisbare· Formeln" genannt, ableiten kann. Inhaltliche logische Schlüsse werden in der Mathematik nicht gemacht; vielmehr werden die Sätze der Logik in den formalen Aufbau mit einbegriffen; Logik und Mathematik werden also gemeinsam aufgebaut. Insoweit ist der Standpunkt hier wenigstens grundsätzlich derselbe wie 1904 [4]. Ein entscheidender Unterschied tritt hervor bei der Frage der Widerspruchsfreiheit. Daß eine Formel, welche die Form eines Widerspruchs hat, unter den beweisbaren Formeln nicht vorkommen kann, läßt sich formal nicht beweisen, denn die formale Mathematik enthält solche inhaltlichen Sätze nicht. Die Methode von 1900 und 1904, die, soweit man sie aus den kurzen Andeutungen entnehmen kann, darin bestand, die formale Mathematik zunächst zu interpretieren und mittels dieser Interpretation die Widerspruchsfreiheit zu beweisen, kann hier nicht gebraucht werden, weil wenigstens prinzipiell von einer Interpretation der Formeln abgesehen wird; dieses ist notwendig, wenn die Beweistheorie eine selbständige Begründung der Mathematik sein soll. Zu dem Beweis der Widerspruchsfreiheit gelangt man durch anschauliche Betrachtung der Formeln. Neben die formale Mathematik tritt eine ,,Metamathematik", die inhaltliche Schlüsse über die Mathematik enthält; in ihr werden nur anschaulich unmittelbar evidente Schlüsse zugelassen; die Beweistheorie bezweckt eben die Begründung von Schlüssen anderer Art; diese Einsicht nennt HILBERT die ,,finite Einstellung". Der Zusammenhang zwischen Mathematik und Metamathematik wird klar durch das folgende Zitat von HILBERT [6]:

,,Auf diese Weise vollzieht sich die Entwicklung der mathematischen Gesamtwissenschaft in beständigem Wechsel auf zweierlei Art: durch Gewinnung neuer beweisbarer Formeln aus den Axiomen mittels formalen Schließens und andererseits durch Hinzufügung neuer Axiome nebst dem Nachweis der Widerspruchsfreiheit mittels inhaltlichen Schließens.

Die Axiome und die beweisbaren Sätze, d. h. die Formeln, die in diesem Wechselspiel entstehen, sind die Abbilder der Gedanken, die das übliche Verfahren der bisherigen Mathematik ausmachen, aber sie sind nicht selbst die Wahrheiten im absoluten Sinn. Als die absoluten Wahrheiten sind vielmehr die Einsichten anzusehen, die durch meine Beweistheorie hinsichtlich der Beweisbarkeit und der Widerspruchsfreiheit jener Formelsysteme geliefert werden."

Daß die Formeln Abbilder von Gedanken sind, muß offenbar so verstanden werden, daß sie bei einer bestimmten Interpretation der Zeichen in Sätze der klassischen Mathematik übergehen; die formale Mathematik ist aber von dieser Interpretation vollständig unabhängig. Die restlose Erfüllung dieser Forderung ist, besonders was die Regeln zur Verwendung der einzelnen · Zeichen betrifft, nicht einfach. Bei HILBERT finden sich hierüber nur kurze Andeutungen, die von ACKER-MANN [1] und besonders von HERBRAND [5] vervollständigt worden sind.

Die scharfe Trennung zwischen formaler Mathematik und anschaulicher Metamathematik ist das wesentlich neue Moment der Beweistheorie. Sie hat zur Folge, daß z. B. das Wort „beweisen" in bezug auf die formale Mathematik eine ganz andere Bedeutung erhält als in der Metamathematik. Im ersten Fall kann es durch „Ableiten gemäß den Regeln des Kalkuls" umschrieben werden; im zweiten bedeutet es „zeigen mittels inhaltlicher Schlüsse".

Von philosophischer Seite hat DINGLER [1] das Verhältnis der Metamathematik zur Mathematik behandelt. Er betont, daß für jede wissenschaftliche Betätigung gewisse Grundfähigkeiten, wie die Herstellung und Unterscheidung von Zeichen auf dem Papier, notwendig sind; diese Grundfähigkeiten kommen in der Metamathematik zur Anwendung.

3. Metamathematik. Es erhebt sich die Frage, wieviel aus der inhaltlichen Mathematik in die Metamathematik eingeht. HILBERT hat die Ansicht vertreten, daß auch für die Widerspruchsfreiheitsbeweise der Allgemeinbegriff der natürlichen Zahlen, insbesondere die vollständige Induktion, entbehrlich sei ([6], S. 164). Die Begründung der letzteren sei eine der wichtigsten Aufgaben der Beweistheorie. Demgegenüber machte WEYL die Bemerkung (die den wichtigsten Einwand POINCARÉS gegen den Formalismus wiedergibt), daß die inhaltlichen Gedankengänge der Beweistheorie „in hypothetischer Allgemeinheit, an irgendeinem Beweis, an irgendeinem Zahlzeichen durchgeführt werden". Die „inhaltliche Induktion", die HILBERT in der Metamathematik anwendet, ist also identisch mit der vollständigen Induktion in dem Sinn, den diese in der inhaltlichen Mathematik hat.

Trotzdem also in die Metamathematik mehr eingeht, als HILBERT anfänglich meinte, ist sie nicht mit der intuitionistischen Mathematik identisch. Auch wenn man von dem Begriff der Wahlfolge, der in der Metamathematik nicht auftritt, absieht, ist es schwierig, die Grenze genau anzugeben. Die genaueste Umschreibung der finiten Beweismittel hat HERBRAND gegeben ([4], S. 248; [5], S. 3; [7], S. 3, Fußnote). Für die Beweistheorie genügen Beweisführungen des folgenden Typus: Es sei zu beweisen, daß alle Formeln einer bestimmten Theorie die Eigenschaft A haben; diese Eigenschaft muß so beschaffen sein, daß man für jede einzelne Formel durch eine explizit angegebene Konstruktion entscheiden kann, ob sie die Eigenschaft A besitzt oder nicht. (Soll z. B. die Widerspruchsfreiheit einer Theorie bewiesen werden, so lautet die Eigenschaft A: „Jede Formel hat *nicht* die Gestalt $\mathfrak{A} \wedge \sim \mathfrak{A}$.") Nun zeigt man *erstens*, daß jedes Axiom die Eigenschaft A hat, in der Weise, daß die Entscheidung für jedes einzelne Axiom wirklich bis in alle Einzelheiten durchgeführt wird; *zweitens*, daß bei Anwendung der Regeln des Schließens die Eigenschaft A erhalten bleibt; auch diese Beweisführung muß so beschaffen sein, daß sie sich in jedem Einzelfall wirklich ausführen läßt. Alle im Laufe des metamathematischen Beweises angewandten Schlußweisen müssen den folgenden Bedingungen genügen: 1. Man betrachtet immer ein *endliches* System von Gegenständen (Zeichen), deren Gleichheit oder Verschiedenheit durch endliche Operationen entschieden werden kann. 2. Die Existenz eines Gegenstandes wird nur aus seiner Konstruktion erschlossen. 3. Die Aussage, daß ein Satz für *alle x* einer unendlichen Gesamtheit gilt, bedeutet, daß, wenn ein bestimmtes x gegeben wird, der Beweis des Satzes sich zu einem Beweis für den auf dieses x bezüglichen Spezialfall spezialisieren läßt.

So genau diese Umschreibung ist, schließt sie doch nicht jeden Zweifel aus; das ist, wo es um inhaltliche Fragen geht, wohl auch nicht möglich.

Das Problem der Widerspruchsfreiheit gestaltet sich nun wie folgt: Als Widerspruch gilt eine bestimmte Formel, z. B. $1 \neq 1$; wenn nämlich eine Formel der Gestalt $\mathfrak{A} \wedge \sim \mathfrak{A}$ beweisbar wäre, so könnte man aus ihr jede beliebige Formel herleiten. Es soll metamathematisch bewiesen werden, daß diese Formel nicht zu den beweisbaren gehört. In dieser Weise gelang es Hilbert, das Problem der Widerspruchsfreiheit unabhängig von einer inhaltlichen Deutung der Formeln einwandfrei zu formulieren. Später hat man die Definition wie folgt verallgemeinert: Ein Kalkul heißt widerspruchsfrei, wenn es in ihm irgendeine nichtbeweisbare Formel gibt. Eine etwas schwächere Definition wäre: Ein Kalkul heiße widerspruchsfrei, wenn es unmöglich ist, daß jede Formel beweisbar ist. Metamathematisch sind diese Definitionen nicht gleichbedeutend, denn während die erstere die wirkliche Aufweisung der nichtbeweisbaren Formel fordert, begnügt sich die zweite mit einem Unmöglichkeitsbeweis. Entsprechend der obigen Herbrandschen Forderung 2 kann aus der Unmöglichkeit der Nichtexistenz einer nichtbeweisbaren Formel nicht auf ihre Existenz geschlossen werden. Überhaupt muß in der Metamathematik nicht die klassische, sondern die intuitionistische Logik angewendet werden. Die beiden Definitionen sind aber gleichwertig für solche Kalküle, die den Aussagenkalkul enthalten. Ist nämlich in einem solchen Kalkul nicht jede Formel beweisbar, so kann diejenige Formel, die aus einer einzigen Aussagenveränderlichen besteht, nicht beweisbar sein; wäre sie es, so könnte man aus ihr durch Einsetzen jede beliebige Formel erhalten. Wir beschränken uns im folgenden auf diesen Fall.

Die formale Auffassung ist unabhängig von der Frage, auf welches formale System sie angewandt wird; damit wir uns nicht in Allgemeinheiten verlieren, besprechen wir die grundlegenden Fragen immer in Zusammenhang mit dem formalen System, an dem sie bisher vorwiegend untersucht worden sind.

4. HILBERTS formales System. Die Zeichen der Mathematik werden eingeteilt in *Konstante* und *Veränderliche*; letztere werden durch lateinische Buchstaben bezeichnet. Ganz außerhalb der Mathematik stehen die Zeichen, die in der Metamathematik zur Abkürzung der Mitteilungen verwendet werden; hierfür gebraucht HILBERT deutsche Buchstaben.

Die Regeln zur Bildung von beweisbaren Formeln sind:

I. Aus einem Axiom oder einer beweisbaren Formel entsteht eine beweisbare Formel, indem man für eine Veränderliche an allen Stellen, wo sie auftritt, eine bestimmte Zeichenzusammenstellung einsetzt; welche Zusammenstellungen eingesetzt werden dürfen, wird auf den verschiedenen Stufen der Theorie für jede Art von Veränderlichen besonders festgestellt.

II. Sind $\mathfrak{A}$ und $\mathfrak{A} \supset \mathfrak{B}$ Axiome oder beweisbare Formeln, so ist $\mathfrak{B}$ eine beweisbare Formel.

Aussagenkalkul. Der Aufbau der Mathematik gliedert sich naturgemäß in verschiedene Stufen. Die erste ist der *Aussagenkalkul* oder die *formale Aussagenlogik*, die HILBERT im wesentlichen von PEANO und seiner Schule und von RUSSELL und WHITEHEAD übernehmen konnte. Hier treten neben den konstanten logischen Funktionen $\frown$ (Konjunktion), $\smile$ (Disjunktion), $\sim$ (Negation) und $\supset$ (Implikation) nur Veränderliche einer Art, nämlich Aussagenveränderliche, auf; für eine solche dürfen nach Regel I gewisse leicht charakterisierbare Aussagenverbindungen (*Formeln*) eingesetzt werden.

Funktionenkalkul. Die natürliche Fortsetzung des Aussagenkalkuls bildet der *Funktionenkalkul*. Neben den Aussagenveränderlichen $A, B, C, \ldots$ treten jetzt die *Dingveränderlichen* $a, b, c, \ldots$ und die *Funktionsveränderlichen* $A(a), B(a, b), \ldots$ auf; die Dingveränderlichen treten nur auf als Leerstellen der Funktionsveränderlichen, so daß für sie nur andere Veränderliche eingesetzt werden können. Als neue Konstanten werden ein *Allzeichen* (a) und ein *Seinszeichen* (Ea) eingeführt. Neben die Axiome der Aussagenlogik treten die beiden neuen Axiome:

$\alpha. \quad (a)\, F(a) \supset F(b).$

$\beta. \quad F(b) \supset (Ea)\, F(a).$

Die Ergänzung der Regel I, die angibt, welche Zeichenzusammenstellungen für eine Aussagenveränderliche eingesetzt werden können (sie heißen *Ausdrücke*), ist ziemlich verwickelt und ist wohl zum erstenmal von HILBERT und ACKERMANN ([1], S. 52) vollständig formuliert worden. Endlich ist noch eine dritte Regel notwendig (l. c., S. 54):

III. Sei $\mathfrak{B}(x)$ ein beliebiger logischer Ausdruck, der von x abhängt, $\mathfrak{A}$ ein solcher, der von x unabhängig ist. Ist dann $\mathfrak{A} \supset \mathfrak{B}(x)$ eine beweisbare Formel, so gilt dasselbe für $\mathfrak{A} \supset (x)\mathfrak{B}(x)$. Ebenso gewinnt man aus einer beweisbaren Formel $\mathfrak{B}(x) \supset \mathfrak{A}$ die neue $(E x)\mathfrak{B}(x) \supset \mathfrak{A}$.

Für eine Veränderliche, die in den Bereich eines All- oder Seinszeichens fällt [wie x in $(E x)\,\mathfrak{A}\,(x)$], kann auch nach der Einführung von Individuenzeichen nur eine andere Veränderliche eingesetzt werden (das läuft auf eine Änderung der Bezeichnung hinaus), für sie gelten also nicht die Einsetzungsregeln. Man nennt eine solche Veränderliche *gebunden*.

Die logische ε-Funktion. HILBERT hat dem Funktionenkalkul noch eine andere Form gegeben. Statt der beiden Zeichen (a) und $(E a)$ führt er ein einziges ε_a ein; der Index a bei dem ε bedeutet, daß die Dingveränderliche a in dem Teil der Formel, auf welchen sich das ε bezieht, gebunden ist. Als Axiom wird angenommen:

$\gamma.\quad A(a) \supset A(\varepsilon_a A(a))$.

Definiert man nun

$\delta.\quad (a)\,A(a)$ als $A(\varepsilon_a \sim A(a))$,

$\varepsilon.\quad (E a)\,A(a)$ als $A(\varepsilon_a A(a))$,

so werden die Formeln α und β ableitbar (ACKERMANN [1], S. 33).

Sowohl das Axiomensystem α, β mit der Regel III wie die Herleitung der Formeln α, β aus γ ist von BERNAYS angegeben worden.

Die Einführung des ε_a bedeutet eine außerordentliche Vereinfachung des Funktionenkalkuls. Die verwickelte Kennzeichnung der logischen Ausdrücke kann durch eine viel einfachere ersetzt werden; die Regel III wird überflüssig, weil sie nach Einführung von δ und ε auf Regel I (und deren Ergänzung für die Einsetzung für Dingveränderliche) zurückgeführt werden kann. Das Axiom γ enthält aber erheblich mehr als α und β. Aus γ läßt sich, nach Einführung der arithmetischen Axiome, das Auswahlprinzip für Mengen von natürlichen Zahlen herleiten (HILBERT [7], S. 165; [12], S. 6), allerdings nur in der schwächeren Form, in der nicht verlangt wird, daß das einer Menge zugeordnete Element nur von den Elementen dieser Menge abhängt, so daß in verschiedener Weise definierten Mengen, die dieselben Elemente enthalten, nicht dasselbe Element zugeordnet zu sein braucht. Während also die Formel γ für die Formalisierung der Mathematik eine Vereinfachung ergibt, ist sie wegen ihrer mengentheoretischen Natur für eine selbständige Behandlung der Logik weniger geeignet.

Will man γ interpretieren, so hat man unter $\varepsilon_a A(a)$ etwa folgendes zu verstehen: „Ein Gegenstand, für den sicher die Aussage $A(a)$ zutrifft, wenn sie überhaupt für ein Ding zutrifft"; das Axiom γ und die Definitionen δ und ε sind dann sofort klar.

Das Axiomensystem für die Analysis. Der Übergang von der Logik zur Mathematik kommt zustande durch die Einführung von Konstanten, die für Dingveränderliche eingesetzt werden können und von Axiomen, die diese enthalten. Während HILBERT in der Logik fast nur zu systematisieren und umzudeuten brauchte, was schon vorhanden war, ist die weitere Theorie fast ausschließlich von ihm unter Mitwirkung von BERNAYS und einigen anderen Schülern entwickelt worden.

Als Konstanten werden 0, 1, =, +, × eingeführt; außerdem wird als Abkürzung für $\sim(\mathfrak{a}=\mathfrak{b})$ geschrieben $\mathfrak{a} \neq \mathfrak{b}$. Für Dingveränderliche werden kleine lateinische Buchstaben gebraucht; sie sind entweder *Grundveränderliche a, b, c, . . .* oder *Funktionsveränderliche* mit einer oder mehreren Leerstellen $f(.)$, $g(.\,,.)$, . . . Wesentlich für den ganzen Aufbau ist nun, daß die natürlichen Zahlen genetisch eingeführt werden; Zeichenreihen, die so gebaut sind, daß sie mit 1 anfangen, jedes weitere Zeichen entweder + oder 1 ist, nach 1 immer + und nach + immer 1 folgt, und daß am Ende 1 steht, heißen *Zahlzeichen.* Es wird als evident angenommen, daß man für jede konkret vorliegende Zeichenkombination in rein anschaulicher Weise entscheiden kann, ob sie ein Zahlzeichen ist oder nicht; weiter, daß sich für zwei Zahlzeichen anschaulich entscheiden läßt, ob sie gleich sind und, wenn nicht, so, welches das „längere" ist usw. In diese Vorstellungen geht schon ein beträchtlicher Teil dessen ein, was man gewöhnlich den „naiven Zahlbegriff" nennt; es muß aber betont werden, daß dieser „naive Zahlbegriff" hier ausschließlich im metamathematischen Gebrauch auftritt: ob ein bestimmtes Zeichen ein Zahlzeichen ist, ist eine metamathematische Frage. Die Beantwortung dieser Frage kann aber für die Bildung von weiteren beweisbaren mathematischen Formeln notwendig sein; in diesem Sinn ist auch die eigentliche Mathematik von dem „naiven Zahlbegriff" abhängig. Man darf diesen Umstand aber nicht als Vorwurf gegen das HILBERTsche System betrachten, weil er sich allem Anschein nach nicht vermeiden läßt (vgl. § 3).

Als zweite Art von Gegenständen werden die *individuellen Funktionen* eingeführt. Jede solche Funktion wird durch Axiome rekursiv definiert. Der einfachste Fall ist

$$\varphi(1) = \mathfrak{a},$$
$$\varphi(a + 1) = \mathfrak{b}(a, \varphi(a)),$$

wo $\mathfrak{a}$ ein Zahlzeichen, $\mathfrak{b}$ eine Funktion von zwei Veränderlichen ist. So wird die Funktion δ definiert durch

$$\delta(1) = 1,$$
$$\delta(a + 1) = a.$$

Verwickeltere Fälle erhält man dadurch, daß man auch Funktionen zuläßt, die von Dingveränderlichen oder Funktionsveränderlichen als Parametern abhängen (ACKERMANN [1], S. 9).

Außerdem können durch Axiome noch transfinite Funktionen eingeführt werden; neben der Funktion ε benutzt HILBERT die Funktion $\pi_a A(a)$, welche gleich 0 ist, wenn es ein a gibt, das die Aussage $A(a)$ erfüllt, und sonst gleich 1.

Die nächste Aufgabe ist nun, ein Axiomensystem für die Mathematik aufzustellen und dessen Widerspruchsfreiheit in dem oben angegebenen Sinn zu beweisen. ACKERMANN hat versucht, diesen Beweis zu führen für das folgende, im wesentlichen von HILBERT herrührende Axiomensystem.

I. Irgendein Axiomensystem für den Aussagenkalkul.

II. Die arithmetischen Axiome:

II, 1. $a = a$.

II, 2. $(a = b) \supset (A(a) \supset A(b))$.

II, 3. $a + 1 \neq 1$.

II, 4. $(a \neq 0) \supset (a = \delta(a) + 1)$.

III. Das Schema der *Definition durch Induktion*, d. h. der oben beschriebenen rekursiven Definition von zahlentheoretischen Funktionen.

IV. Die transfiniten Axiome:.

IV, 1. $A(a) \supset A(\varepsilon_a A(a))$.

      $A_a f(a) \supset A_a[(\varepsilon_f A_b f(b))(a)]$.

Die entsprechenden Axiome für Funktionen mit zwei und mehr Leerstellen.

IV, 2. $A(\varepsilon_a A(a)) \supset \pi_a A(a) = 0$.

Die entsprechenden Axiome für Funktionen.

IV, 3. $\sim A(\varepsilon_a A(a)) \supset \pi_a A(a) = 1$.

Die entsprechenden Axiome für Funktionen.

IV, 4. $\varepsilon_a A(a) \neq 0 \supset \sim A[\delta(\varepsilon_a A(a))]$.

Durch dieses Axiom erhält das ε im Gebiet der natürlichen Zahlen die etwas engere Bedeutung von der *kleinsten* Zahl, für welche $A(a)$ gilt, wenn A überhaupt für ein a zutrifft. IV, 4 ersetzt das Axiom der vollständigen Induktion, dessen gewöhnliche Form, nach Definition des Allzeichens, aus ihm folgt.

Zur leichteren Formulierung der Einsetzungsregel wird ein Unterschied gemacht zwischen *Funktionalen* und *Formeln*. Das sind besondere Arten von Zeichenzusammenstellungen, die durch die folgenden Abmachungen definiert werden: 1. 1 und die Grundveränderlichen sind Funktionale; 2. zwei Funktionale, verbunden durch $+$ oder $\times$, bilden ein Funktional; 3. eine Funktion, für deren Veränderliche Funktionale eingesetzt sind, bildet ein Funktional; 4. $\varepsilon_a A(a)$, $\pi_a A(a)$ und $\pi_f A(f)$ sind Funktionale, $\varepsilon_f A(f)$ eine Funktion mit den gleichen Leerstellen wie f; 5. zwei Funktionale, verbunden durch $=$, bilden eine Formel; 6. wenn $\mathfrak{A}$ und $\mathfrak{B}$ Formeln sind, so sind $\sim\mathfrak{A}$, $\mathfrak{A} \supset \mathfrak{B}$, $\mathfrak{A} \smile \mathfrak{B}$ und $\mathfrak{A} \wedge \mathfrak{B}$ Formeln.

Die Einsetzungsregel wird nun so formuliert: Für eine Grundveränderliche darf ein beliebiges Funktional, für eine Funktionsveränderliche eine Funktion von demselben Charakter (genau festzulegen), für eine Formelveränderliche eine beliebige Formel eingesetzt werden; hat die Formelveränderliche die Gestalt $A_a f(a)$, so kann für sie jede Formel, die eine Funktion einer Veränderlichen enthält, eingesetzt werden usw.

5. Widerspruchsfreiheit. Ein wichtiges methodisches Hilfsmittel für die Widerspruchsfreiheitsbeweise ist die Bewertungsmethode. Unter einer *Wertung* für die Formel eines Kalkuls versteht man eine Vorschrift, die jeder Formel entweder den Wert r oder den Wert f zuordnet derart, daß den folgenden Bedingungen genügt wird:

1. Jedes Axiom hat den Wert r.

2. Aus mit r bewerteten Formeln entstehen durch Anwendung der Regeln des Kalkuls wieder r-Formeln.

3. Hat die Formel $\mathfrak{A}$ den Wert r, so hat $\sim\mathfrak{A}$ den Wert f und umgekehrt.

Liegt eine Wertung für einen Kalkul vor, so haben alle im Kalkul beweisbaren Formeln den Wert r; daher können nach 3. niemals $\mathfrak{A}$ und $\sim\mathfrak{A}$ zugleich beweisbar sein, d. h. der Kalkul ist widerspruchsfrei. Nach dieser Methode gelingt der Widerspruchsfreiheitsbeweis für den Aussagenkalkul und für den logischen Funktionenkalkul (HILBERT-ACKERMANN [1], S. 30 und 65). Für den durch die obigen Axiome begründeten arithmetischen Kalkul würde die Angabe einer Wertung auf ein mechanisches Lösungsverfahren für alle Probleme der Analysis hinauslaufen, so daß dieser Weg hier nicht gangbar ist.

Der ACKERMANNsche Beweis. ACKERMANN [1] benutzt den Umstand, daß sich für die *numerischen Formeln*, d. h. diejenigen, die keine anderen Zeichen als Zählzeichen, die logischen Konstanten $\supset, \smile, \wedge, \sim$ und das Gleichheitszeichen $=$ enthalten, leicht eine Wertung angeben läßt. Im wesentlichen beruht diese Möglichkeit darauf, daß die numerischen Formeln sich interpretieren lassen und daß es für jede Formel entscheidbar ist, ob sie bei Interpretation eine richtige Aussage ergibt; doch kann die Wertung unabhängig von einer Interpretation definiert werden.

Man denke sich nun eine Beweisfigur, die mit einer numerischen Formel endet, vollständig aufgeschrieben. Damit ist gemeint, daß jedesmal, wenn eine früher bewiesene Formel herangezogen wird, auch die ganze Ableitung dieser Formel wiederholt wird. Jede Formel der Beweisfigur, die nicht Axiom ist, hat dann entweder einen oder zwei Vorgänger; von unten nach oben durchlaufen, verästelt der Beweis sich allmählich in verschiedene „Fäden", und jeder Faden endet oben in einem Axiom. Nun gibt ACKERMANN ein Substitutionsverfahren an, durch das man, von unten anfangend nacheinander alle Formeln der

Beweisfigur in numerische verwandelt und das den folgenden Forderungen genügt:

1. Ist die Formel $\mathfrak{A}$ durch Anwendung von Regel I (Einsetzungsregel) aus der Formel $\mathfrak{B}$ entstanden, so wird $\mathfrak{A}$ dieselbe numerische Formel zugeordnet als $\mathfrak{B}$.

2. Hat die Formel $\mathfrak{B}$ die beiden $\mathfrak{A}$ und $\mathfrak{A} \supset \mathfrak{B}$ als Vorgänger und wird (an dieser Stelle) $\mathfrak{A}$ durch $\mathfrak{A}'$ und $\mathfrak{B}$ durch $\mathfrak{B}'$ ersetzt, so wird $\mathfrak{A} \supset \mathfrak{B}$ durch $\mathfrak{A}' \supset \mathfrak{B}'$ ersetzt.

3. Jedes Axiom wird an jeder Stelle, wo es auftritt, in eine numerische Formel mit dem Wert r verwandelt. (Diese braucht für ein bestimmtes Axiom nicht an allen Stellen, wo es auftritt, dieselbe zu sein.)

Wie man leicht einsieht, wird in dieser Weise die ursprüngliche Beweisfigur in eine andere Beweisfigur verwandelt, die ausschließlich aus numerischen Formeln mit dem Wert r aufgebaut ist; ihre Endformel fällt mit derjenigen der ersten Figur zusammen, da ja gemäß der Annahme letztere selbst eine numerische Formel ist; eine mit f bewertete numerische Formel, wie $1 \neq 1$ kann daher nicht Endformel einer Beweisfigur sein. Hierdurch ist, wie oben bemerkt, die Widerspruchsfreiheit gewährleistet.

Bei Beschränkung auf die Axiomenschemata I, II, III liegt es ziemlich nahe, wie man eine Ersetzung der gewünschten Art erhält; allerdings fordert der Fall komplizierter Rekursionen schon eine umständliche Untersuchung. Für den Fall, daß nur ein einziges ε auftritt, hat schon HILBERT [7] angegeben, wie man eine geeignete Ersetzung findet. ACKERMANN dehnt dieses Verfahren auf den allgemeinen Fall aus. Im wesentlichen ist seine Methode die, daß er zunächst sozusagen versuchsweise mit einer Ersetzung anfängt, und diese, wenn sie nicht genügt, nacheinander durch in einem gewissen Sinne bessere Ersetzungen ersetzt; er beweist, daß dieses Verfahren immer nach einer endlichen Anzahl von Schritten zum Ziel führt.

J. v. NEUMANN [2] hat an der Arbeit ACKERMANNS eine Kritik geübt, aus der hervorgeht, daß der Beweis nur bei einer gewissen Einschränkung hinsichtlich der Ersetzung der Funktionsveränderlichen gültig ist (auch ACKERMANN hatte bei der Korrektur eine Unvollständigkeit entdeckt). Das übrigbleibende System genügt nicht mehr für die klassische Analysis; es gestattet nicht einmal den Aufbau der Theorie der natürlichen Zahlen, wenn darin auch imprädikative Definitionen zugelassen werden (HILBERT [12]). Ein vollständiger Beweis für die Widerspruchsfreiheit der Zahlentheorie ist bis heute nicht veröffentlicht worden.

Der v. NEUMANNsche Beweis. In der eben genannten Arbeit gibt v. NEUMANN einen Beweis der Widerspruchsfreiheit für einen Teil eines von ihm aufgestellten formalen Systems. Dieses weicht in einigen Punkten von dem HILBERTschen ab. Erstens unterscheidet er Formeln nicht von Funktionalen; seine rekursive Definition der „Formeln" umfaßt die HILBERTschen Formeln und Funktionale und außerdem eine Gruppe von Zeichenzusammenstellungen, die bei HILBERT ausgeschlossen sind, wie z. B. $\mathfrak{a} \supset \mathfrak{b}$, wo $\mathfrak{a}$ und $\mathfrak{b}$ HILBERTsche Funktionale sind; das Auftreten dieser Gebilde ist, wenn die Widerspruchsfreiheit bewiesen wird, natürlich unschädlich. Im allgemeinen umschreibt v. NEUMANN die einzelnen Zeichen und ihren Gebrauch genauer als ACKERMANN; wie sehr hier die peinlichste Sorgfalt geboten ist, geht wohl hieraus hervor, daß sein System gerade in diesem Punkt noch eine Lücke zeigte (LÉSNIEWSKI [1], v. NEUMANN [6], LINDENBAUM [1]). Zweitens sind bei v. NEUMANN nur Formeln ohne freie Veränderliche („Normalformeln") beweisbar; die Axiome im HILBERTschen Sinne, die alle wenigstens Aussagenveränderliche frei enthalten, betrachtet er nur als Schemata, aus denen durch gewisse Substitutionen erst die Axiome entstehen. Die Substitutionen, die bei HILBERT im Lauf eines Beweises nach der Einsetzungsregel vorgenommen werden können, führt v. NEUMANN gleich am Anfang in dem Axiomenschema durch. Es gibt bei ihm also unendlich viele Axiome; dafür braucht er als Operationsregel bloß das Schlußschema: Sind $\mathfrak{A} \supset \mathfrak{B}$ und $\mathfrak{A}$ beweisbare Formeln, so ist $\mathfrak{B}$ eine beweisbare Formel.

Die Axiome der Aussagenlogik und die transfiniten Axiome treten in einer mit der HILBERTschen gleichwertigen Form auf, letztere aber nur für Grundveränderliche. Da es nur eine Art von Veränderlichen gibt, bedarf es eines besonderen Zeichens zur Kennzeichnung der Zahlen, nämlich Z. Hierfür gelten die Axiome V (nichtnegative ganze Zahlen):

V, 1. $Z\,0$.

V, 2. $Z\,a \supset Z\,a + 1$.

V, 3. $\sim (a + 1 = 0)$.

V, 4. $(a + 1 = b + 1) \supset (a = b)$.

Für die Gleichheit (die hier auch Äquivalenz von Aussagen mit umfaßt) werden die Axiome VI eingeführt:

VI, 1. $a = a$.

VI, 2. $(a = b) \supset (a \supset b)$.

VI, 3. $(a = b) \supset (c(a) = c(b))$;

sie sind mit II, 1, 2 bei HILBERT gleichwertig.

Die Existenz der benötigten Funktionen wird gesichert durch Schema VII:

VII. $(E\,y):(x) \cdot Z\,x \supset \Phi(y, x) = a$.

$\Phi(y, x)$ bedeutet den Wert der Funktion y für das Argument x. Dieses Axiomenschema ersetzt die rekursiven Definitionen und die Einsetzungsregel für Funktionsveränderliche bei HILBERT.

Endlich wird der gewöhnliche Definitionsprozeß durch ein eigenes Axiomenschema genau beschrieben (VIII).

Die Gruppen I, IV (S. 43), V, VI, VII, VIII bilden das Axiomensystem. v. Neumann beweist die Widerspruchsfreiheit aller Axiome mit Ausnahme von VII. Seine Methode ist eine auf Ideen von Hilbert beruhende Ausdehnung der Bewertungsmethode. Es gelingt freilich nicht, eine Wertung für alle Formeln durchzuführen, die den drei auf S. 44 genannten Forderungen genügt; weil in jedem Beweis nur eine endliche Anzahl von Axiomen gebraucht wird, reicht es aus, eine solche Wertung in bezug auf jedes endliche Teilsystem des Axiomensystems herzustellen. Es wird also eine Regel angegeben, die gestattet, wenn ein System S von endlich vielen Axiomen vorgelegt ist, jeder Formel entweder den Wert r oder den Wert f zuzuordnen derart, daß 1. alle Axiome aus S den Wert r haben; 2. wenn $\mathfrak{A}$ und $\mathfrak{A} \supset \mathfrak{B}$ den Wert r haben, $\mathfrak{B}$ den Wert r hat; 3. $\mathfrak{A}$ und $\sim\mathfrak{A}$ verschiedenen Wert haben. Eine solche Regel wird *Teilwertung* genannt; sie wäre eine Wertung, wenn der Wert jeder Formel von dem zugrunde gelegten System S unabhängig wäre.

Zum Aufbau der Mathematik muß noch bemerkt werden, daß der in den Axiomen auftretende Begriff Z noch nicht den gewöhnlichen Zahlbegriff darstellt, weil für ihn nicht die vollständige Induktion gilt; v. Neumann zeigt aber, wie man durch Einengung des Zahlbegriffs einen Begriff erhält, für den außer den Axiomen für Z auch die vollständige Induktion gilt; dazu wird ein neues Symbol $\mathfrak{Z}$ definiert, für welches $\mathfrak{Z}a \supset Za$, die Axiome V mit $\mathfrak{Z}$ statt Z und die Regel der vollständigen Induktion richtige Formeln sind.

Herbrand hat aus seinen logischen Untersuchungen eine allgemeine Methode für Widerspruchsfreiheitsbeweise hergeleitet und diese auf die Arithmetik angewandt [5]. Wir wollen nicht versuchen, diesen Beweis hier darzustellen, weil er sich schwer aus den logischen Untersuchungen herausschälen läßt; außerdem wäre es kaum möglich, die ebenso genaue wie kurze und klare Darstellung von Herbrand selbst [7] zu übertreffen.

Eine kurze Übersicht über verschiedene, auch unveröffentlichte, Widerspruchsfreiheitsbeweise gab Bernays [5].

Der Aspekt der Frage wurde geändert durch eine Arbeit von Gödel [2]. Eine genaue Besprechung seiner Methoden muß dem besonderen Bericht über Logistik vorbehalten bleiben. Hier erwähne ich nur, daß seine Resultate das Gelingen des Beweises für die Widerspruchsfreiheit der Analysis auf der Hilbertschen Grundlage sehr unwahrscheinlich machen. (Man lese die Meinung von Herbrand in [7].) Man braucht deswegen die Hoffnung nicht aufzugeben, daß der Beweis gelingen kann, wenn man der intuitionistischen Mathematik etwas mehr entnimmt als die oben unter **3** gekennzeichneten finiten Mittel. Ansätze in dieser Richtung liegen schon vor. So geht aus einer Arbeit von Gödel [4] hervor, daß sich die Widerspruchsfreiheit der klassischen

Arithmetik beweisen läßt, wenn man die intuitionistische Arithmetik als widerspruchsfrei voraussetzt.

6. Die Vollständigkeitsfrage. Ähnlich wie die Widerspruchsfreiheit erhält auch die Vollständigkeit in der Beweistheorie einen Sinn unabhängig von der Deutung des Kalkuls.

Daß ein Kalkul (von dem wir wieder voraussetzen, daß er den Aussagenkalkul enthält) *vollständig* ist, kann verschiedene Bedeutungen haben. Eine sehr starke Forderung wäre:

1. Ist $\mathfrak{A}$ eine Formel, so ist $\mathfrak{A}$ entweder beweisbar oder mit den Axiomen widerspruchsvoll. Sie ist erfüllt für den Aussagenkalkul. Die folgenden etwas schwächeren Definitionen gibt HILBERT [12] an:

2. Wenn die Formel $\mathfrak{A}$ mit den Axiomen widerspruchsfrei ist, so ist $\mathfrak{A}$ beweisbar.

3. Wird zu den Axiomen eine neue, aus ihnen nicht beweisbare Formel hinzugefügt, so ist das erweiterte System widerspruchsvoll. Von etwas anderer Art ist die folgende, ebenfalls von HILBERT herrührende Formulierung:

4. Wenn für eine Formel $\mathfrak{A}$ die Widerspruchsfreiheit mit den Axiomen der Zahlentheorie nachgewiesen werden kann, so kann nicht auch für $\sim\mathfrak{A}$ die Widerspruchsfreiheit mit jenen Axiomen nachgewiesen werden.

Eine Definition der Vollständigkeit, die für einen ganz beliebigen Kalkul brauchbar ist, ist die folgende: Der Kalkul heißt vollständig, wenn jede Formel des Systems entweder beweisbar ist oder zu den Axiomen hinzugefügt die Ableitbarkeit aller Formeln nach sich zieht (ŁUKASIEWICZ [1]). Man könnte sie etwa wie folgt abschwächen: Der Kalkul heiße vollständig, wenn nach Hinzunahme einer beliebigen nichtbeweisbaren Formel zu den Axiomen jede Formel beweisbar wird.

Die Allzeichenregel. In [13] versucht HILBERT die Vollständigkeitsfrage zu lösen für das Axiomensystem der Zahlentheorie, erweitert um eine neue Schlußregel. Diese benutzt die Interpretierbarkeit der numerischen Formeln; sie lautet:

„Falls nachgewiesen ist, daß die Formel $\mathfrak{A}\,(\mathfrak{z})$ allemal, wenn $\mathfrak{z}$ eine vorgelegte Ziffer[1] ist, eine richtige numerische Formel ist, so darf die Formel $(x)\,\mathfrak{A}\,(x)$ als Ausgangsformel angesetzt werden."

Der ACKERMANNsche Widerspruchsfreiheitsbeweis bleibt auch für diese Regel gültig.

Es läßt sich nun zeigen, daß jede Formel der Gestalt $(x)\,\mathfrak{A}\,(x)$, die außer x keine weiteren Veränderlichen enthält, die obigen Eigenschaften 2. und 4. besitzt; ebenso besitzt jede Formel der Gestalt $(E\,x)\,\mathfrak{A}\,(x)$ die Eigenschaft 4. Für weniger einfach gebaute Formeln bleibt die Frage offen.

---

[1] $=$ Zahlzeichen, Ref.

Auch der Stand der Vollständigkeitsfrage wurde durch die soeben erwähnte Arbeit Gödels [2] stark beeinflußt, indem er die Unvollständigkeit einer ausgedehnten Klasse von Systemen beweist.

7. Axiome für die Mengenlehre. Die oben angeführten Axiomensysteme beschränkten sich auf die Begründung der Analysis im klassischen Sinn. Um darüber hinaus die allgemeine Mengenlehre aufzunehmen, könnte irgendeine Axiomatisierung der Mengenlehre vollständig formalisiert und dem System angegliedert werden; für die Axiomensysteme von Zermelo-Fränkel und von v. Neumann würde das ohne prinzipielle Schwierigkeiten gelingen. Einen anderen Weg hat Hilbert angegeben [8]. Er führt verschiedene Arten von Grundveränderlichen ein, die je einer Cantorschen Zahlklasse entsprechen; jede Grundveränderliche wird durch eine Aussagenkonstante gekennzeichnet, so bedeutet $Z(a)$, daß a die Grundveränderliche für die erste Zahlklasse (natürliche Zahlen) ist, $N(a)$, daß a die Grundveränderliche für die zweite Zahlklasse ist usw. Zu Zahlklassen mit unendlichem Index gelangt man mittels Aussagenkonstanten, die selbst einen Index tragen, so daß Induktion nach diesem Index formal möglich wird. Jede Grundveränderliche wird durch ein eigenes System von Axiomen gekennzeichnet; insbesondere wird für jede eine eigene Art von Rekursion axiomatisch festgelegt. Aus den Grundveränderlichen entstehen die *Veränderlichengattungen* durch logische Verknüpfung. Die wichtigsten sind die Gattungen von Funktionsveränderlichen, die je durch die Art ihrer Argumente und ihrer Werte gekennzeichnet werden. So definiert **die Formel**

$$\Phi(f) = (a)\big(Z(a) \supset Z(f(a))\big)$$

die Gattung Φ der gewöhnlichen zahlentheoretischen Funktionen. Auch das ε-Axiom muß auf jede Veränderlichengattung ausgedehnt werden; dadurch gilt dann auch das Auswahlprinzip in seiner schwächeren Form allgemein. Für die Mengenlehre ist die stärkere Form notwendig, die durch Axiome wie

$$(f) : A(f) \supset B(f) \cdot B(f) \supset A(f) : \cdot \supset \cdot \varepsilon_f A(f) = \varepsilon_f B(f)$$

gesichert wird. Für die natürlichen Zahlen folgt es schon aus dem Axiom der vollständigen Induktion.

Ob die so aufgebaute Mengenlehre mit der Zermelo-Fränkelschen übereinstimmt, könnte erst durch weitere Ausarbeitung des Hilbertschen Ansatzes entschieden werden; vorläufig erscheint es als zweifelhaft, ob sich die Axiome für die Grundveränderlichen in so allgemeiner Form aufstellen lassen, daß jede bei Fränkel auftretende Ordnungszahl erreicht wird.

Das Kontinuumproblem. Hilbert wendet seine Theorie der Ordinalzahlen an auf das Kontinuumproblem. Die Schwierigkeiten, die der Formulierung dieses Problems in der klassischen Mathematik wegen der Unbestimmtheit des Begriffes der beliebigen reellen Zahl ent-

gegenstanden (vgl. hierzu die Kritik der Empiristen, Abschnitt I, § 2),
treten hier nicht auf. Es gilt, eine bestimmte Formel zu beweisen
(HILBERT [11], S. 11), die in der gewöhnlichen Sprache etwa so wiedergegeben werden kann: Es gibt ein h mit den folgenden Eigenschaften:
1. Für jede zahlentheoretische Funktion[1] f ist $h(f)$ eine Zahl der zweiten
Zahlklasse. 2. $h(f) = h(g)$ dann und nur dann, wenn $f(a) = g(a)$ für
jede natürliche Zahl a. Wie HILBERT bemerkt, läßt sich das Symbol N
der zweiten Zahlklasse eliminieren, indem jede Zahl dieser Klasse
durch eine Anordnung der natürlichen Zahlen repräsentiert wird;
eine solche Anordnung ist gegeben durch eine Funktion $\varphi(a, b)$ mit
$\varphi(a, a) = 0$, $\varphi = 0$, wenn a vor b, und $\varphi = 1$, wenn a nach b kommt.
In der Formulierung des Problems kommen dann die höheren Grund-
veränderlichen nicht mehr vor. Das Problem ist aber erst vollständig
gelöst, wenn auch solche reelle Zahlen zugelassen werden, die durch
transfinite Rekursion definiert sind, d. h. wenn das um die Axiome für
die höheren Grundveränderlichen erweiterte Axiomensystem zugrunde
gelegt wird.

Verzichtet man für die zu definierenden reellen Zahlen zunächst auf
alle transfiniten Mittel, d. h. sowohl auf die ε-Funktion als auf die transfinite Rekursion, so bleiben als Definitionsmittel nur noch die gewöhnliche Rekursion und die Einsetzung einer schon vorhandenen Funktion
in eine Leerstelle einer anderen Funktion übrig. HILBERT gibt zunächst
ein Verfahren an, das gestattet, jeder durch diese Mittel definierten
reellen Zahl eine Zahl der zweiten Klasse zuzuordnen, und zwar so,
daß verschiedenen reellen Zahlen verschiedene Zahlen zugeordnet
werden. Die so gewonnene Zuordnung muß noch auf diejenigen reellen
Zahlen, in deren Definition die transfiniten Axiome herangezogen
werden, ausgedehnt werden. Hierzu formuliert HILBERT zwei Hilfssätze,
deren wesentlicher Inhalt darin besteht, daß jede mit Hilfe der transfiniten Axiome definierte reelle Zahl auch ohne diese Axiome definiert
werden kann. Der erste dieser Hilfssätze bezieht sich auf das logische
ε-Axiom (s. oben S. 43, Gruppe IV). Reelle Zahlen, die mittels der ε-Funk-
tion definiert sind, haben die Eigentümlichkeit, daß ihre Stellen von der
Lösung bisher ungelöster Probleme abhängen können; die Frage, ob
jede solche Zahl auch ohne die ε-Funktion definiert werden kann, hängt
also eng mit der Frage nach der Vollständigkeit des Axiomensystems
zusammen. Es würde genügen, diese in der obigen Formulierung 4
zu fordern; Lemma 1 ist eine Abschwächung dieser Formulierung:

„Wenn unter Zuziehung von Funktionen, die mittels des transfiniten Symbols ε definiert sind, ein Beweis eines Widerspruchs gegen

---

[1] Es kommt offenbar auf dasselbe hinaus, ob man die reellen Zahlen oder
die zahlentheoretischen Funktionen betrachtet. Wir sprechen im folgenden von
reellen Zahlen, wo für die exakte Ausführung besser zahlentheoretische Funktionen eingeführt werden.

den Kontinuumsatz — in formalisierter Gestalt — vorliegt, so lassen sich in diesem Widerspruchsbeweise jene Funktionen stets durch solche ersetzen, die ohne Verwendung des Symbols ε, allein durch gewöhnliche und transfinite Rekursion, definiert sind — derart, daß das Transfinite nur in Gestalt des Allzeichens ( ) auftritt."

Durch Lemma II sollen nun auch die transfiniten Rekursionen eliminiert werden; es lautet (in einer weniger genauen Fassung):

„Zur Bildung von Funktionen einer Zahlenvariablen sind transfinite Rekursionen entbehrlich, und zwar reicht die gewöhnliche, d. h. nach einer Zahlenvariablen fortschreitende Rekursion nicht nur für den eigentlichen Bildungsprozeß der Funktionen aus, sondern es genügt auch, bei der Einsetzung solche Variablentypen allein anzuwenden, deren Definition nur gewöhnliche Rekursion erfordert."

Für diese Lemmata steht der Beweis noch aus.

8. Sinn und Tragweite der Beweistheorie. Wir haben uns im vorhergehenden an eine streng formale Auffassung der Beweistheorie, nach der prinzipiell von jeder Deutung der Formeln abgesehen wird, gehalten. Auch HILBERT hat es ausgesprochen [8], daß die Formeln der Beweisfiguren „nichts bedeuten". Auf dem ganz extremen Standpunkt, von dem aus die Mathematik als ein Spiel gesehen wird, bedeutet die Forderung der Widerspruchsfreiheit nichts mehr als dieses, daß nicht jede beliebige Formel beweisbar sein soll. Es ist sogar verständlich, daß GONSETH [1] den Widerspruchsfreiheitsbeweis als nicht sehr wichtig betrachtet und ihn ganz beiseite lassen will; ob er dadurch sein Ziel, die formale Mathematik von dem intuitiven Zahlbegriff unabhängig zu machen, erreichen kann, bleibt allerdings fraglich; denn es dürfte schwierig sein, die Operationsregeln des Kalkuls so zu formulieren, daß sie den Begriff der beliebigen endlichen Anzahl auch in keiner Verkleidung enthalten.

Es widerspricht der rein formalen Auffassung aber nicht, wenn man danach strebt, die Formeln des Kalkuls den Formeln der klassischen Mathematik möglichst ähnlich zu gestalten, vorausgesetzt, daß man die klassische Mathematik bloß als historische Erscheinung auffaßt und von der Bedeutung, die ihren Formeln vor der Aufstellung der Beweistheorie beigelegt wurde, absieht. Die Widerspruchsfreiheit erhält dann eine erhöhte Bedeutung, weil Formeln, die denen der klassischen Mathematik direkt widersprechen, nicht ableitbar sein dürfen. Man kann schon bei dieser Auffassung die Frage aufwerfen, welche Teile der klassischen Mathematik mit Hilfe eines vorgelegten Axiomensystems aufgebaut werden können. HILBERT hat diese Frage in bezug auf sein Axiomensystem für die Analysis behandelt ([12], Problem I und II). Die Antwort hängt vor allem davon ab, für welche Veränderlichengattungen die ε-Axiome eingeführt sind. Ist das bloß für die natürlichen Zahlen der Fall, so gilt der Satz vom ausgeschlossenen Dritten für diese, und zu jeder Aussage über natürliche Zahlen kann die kleinste Zahl bestimmt werden, die ihr genügt. Erst nachdem die ε-Axiome -für die gewöhnlichen Funktionen eingeführt sind, kann der Satz vom ausgeschlossenen Dritten auch für die reellen Zahlen bewiesen werden; dadurch kann weiter der Satz von der oberen Grenze begründet werden. Auch imprädikativ definierte reelle Zahlen können nun zugelassen werden. Es ist hierdurch der Umfang der im engeren Sinn klassischen Analysis erreicht. Um auch die Mengenlehre zu umfassen, sind noch die oben angegebenen Erweiterungen notwendig.

Aber HILBERT hat niemals diesen historisch-formalen Standpunkt eingenommen. Fast in jedem seiner Vorträge findet man Behauptungen der Art, daß die beweisbaren Formeln die Abbilder von Gedanken sind ([6]; [11], S. 15). Noch etwas weiter geht BERNAYS ([1], S. 351), wenn er behauptet, das Denken könne die Grenzen der mathematischen Evidenz überschreiten und die Vorstellung von unendlichen Gesamtheiten im Sinn einer Ideenbildung erfassen. HILBERT und seine Mitarbeiter betrachten also die formalen Beweisführungen als Begleitungen von geistigen Prozessen. Wenn auch nicht jede Formel einzeln inhaltlich interpretierbar ist, so repräsentiert doch die Beweisführung als Ganzes eine Tätigkeit unseres Verstandes. HILBERT drückt dieses Verhältnis auch so aus, daß in den Regeln des Schließens die *Technik unseres Denkens* zum Ausdruck kommt. Wir brauchen hier auf die Frage nicht näher einzugehen, weil sie für die tatsächliche Entwicklung der Theorie völlig belanglos ist. Diese Färbung der HILBERTschen Auffassung erklärt aber die hohe Bedeutung, die er dem Widerspruchsfreiheitsbeweis beilegt.

Weil im vorhergehenden der Verständlichkeit halber der Nachdruck stark auf die rein formale Seite der Beweistheorie fallen mußte, ist es vielleicht nützlich, hervorzuheben, daß daraus keine Verkennung ihrer hohen Verdienste für die Klärung vieler grundlegenden Fragen herausgelesen werden darf. Viele dieser Probleme konnten erst durch sie scharf formuliert oder mit Aussicht auf Erfolg in Angriff genommen werden. Die Frage der Bedeutung der formalen Mathematik für die Naturwissenschaft soll in Abschnitt IV kurz behandelt werden.

9. Die neue Theorie HILBERTS. Obgleich die Arbeit [14] von HILBERT eigentlich in Abschnitt III gehört, läßt sie sich wegen ihrer vielen Beziehungen zur Beweistheorie wohl am besten hier anschließen. HILBERT fügt hier zu den früheren Schlußregeln, einschließlich der Allzeichenregel, eine neue hinzu, nämlich: „Ein Ausdruck $(E\,x)\,\mathfrak{A}\,(x)$ darf ersetzt werden durch $\mathfrak{A}\,(\eta)$, wo η ein noch nicht vorgekommener Buchstabe ist"; von diesem η wird nun gesagt, daß es eine Ziffer bedeutet und daher in metamathematischen Schlüssen als eine Ziffer behandelt werden darf. Wie weit HILBERT sich hierdurch von der anschaulichen Evidenz entfernt, wird klar, wenn man bedenkt, daß die Formel $(E\,x)\,\mathfrak{A}\,(x)$ durch

Benutzung der transfiniten Axiome gewonnen sein kann; soll das η etwas bedeuten, so muß auch $(Ex)\,\mathfrak{A}(x)$, einen Sinn haben und damit auch die ganze formale Theorie, die zu dem Beweis dieser Formel herangezogen ist. Man muß hieraus schließen, daß HILBERT in dieser Theorie die finite Einstellung aufgibt.

Wir fassen noch die Resultate zusammen, die HILBERT auf dieser Grundlage gewinnt. Zunächst läßt er aus den Axiomen der Zahlentheorie die Formel für den Satz vom ausgeschlossenen Dritten weg; das übrigbleibende System erweist sich leicht als widerspruchsfrei. Die Definition der numerischen Formeln wird dahin erweitert, daß sie auch η-Zeichen enthalten können; eine numerische Formel wird als interpretierbar betrachtet und ist daher entweder richtig oder falsch. Die Definition der richtigen Formeln, die sich zunächst nur auf numerische Formeln bezieht, wird induktiv auf andere Formeln ausgedehnt derart, daß **aus** richtigen Formeln durch Anwendung der Schlußregeln immer wieder richtige Formeln entstehen. Als erstes Resultat wird nun der Satz angestrebt: „Jede widerspruchsfreie Formel ist richtig"; der Beweis wird geführt für Formeln, in denen alle Allzeichen voranstehen. Der Satz vom ausgeschlossenen Dritten wird nun in der Form

$$(x)\,\mathfrak{A}(x) \smile (Ex)\sim\mathfrak{A}(x)$$

herangezogen; **auf** Grund des obigen Satzes läßt sich zeigen, daß er zu keinem Widerspruch führen kann und daher jede aus ihm entspringende Formel im obigen Sinn richtig ist.

Es ist sehr **zweifelhaft**, ob diese immer noch fragmentarischen Resultate das Preisgeben der finiten Einstellung rechtfertigen können. Es scheint, daß **auch** HILBERT sich heute wieder auf den Standpunkt **der** Beweistheorie stellt.

§ 3. Intuitionismus und Beweistheorie.

Die verschiedenen Richtungen der Grundlagenforschung haben sich gegenseitig in mannigfacher Weise beeinflußt und aus lebhaften Diskussionen fruchtbare Anregungen entnommen. Es ist wohl nicht zufällig, daß der Logizismus sich, trotzdem er heftigen Angriffen ausgesetzt war, in etwas hochherziger Weise von diesen Diskussionen abseits gehalten hat; seine gedankliche Einstellung weicht so stark von den anderen ab, daß eine Diskussion wenig Sinn hatte. Die engeren Beziehungen des Logizismus zur Beweistheorie HILBERTS sind durchweg rein formaler Art; historisch haben beide an die formalen Entwicklungen PEANOS angeknüpft, und viele metamathematische Untersuchungen können sowohl auf den RUSSELLschen als auf den HILBERTschen Kalkul angewandt werden.

Viel enger sind die Beziehungen zwischen Intuitionismus und Formalismus. Lebhaft steht in der Erinnerung der Streit zwischen HILBERT und BROUWER. Beide hochverdient für die Mathematik, beide von einer großen Liebe zu ihrer Wissenschaft beseelt, wurden diese Männer durch die Divergenz ihrer Grundansichten zu verbitterten Gegnern. Wie BROUWER es nicht ertragen konnte, daß die Mathematik, dieses kostbare Kleinod des Geistes, zu einem sinnlosen Spiel mit Zeichen werden sollte, so war es HILBERT unmöglich, die schönsten Teile des stolzen Bauwerkes, das für ihn die Mathematik war, einer spitzfindigen Tadelsucht zu opfern. Die Diskussion wurde noch erschwert durch terminologische Unklarheiten; als Beispiel wollen wir nur die Frage der Lösbarkeit mathematischer Probleme betrachten. Für den Intuitionisten kann die Lösbarkeit eines mathematischen Problems nur durch seine wirkliche Lösung bewiesen werden; der Satz von der Lösbarkeit jedes mathematischen Problems ist mit dem Satz vom ausgeschlossenen Dritten gleichbedeutend. Für HILBERT gehört die Lösbarkeitsfrage in die Metamathematik; weil sie sich jetzt auf das formale System statt auf die inhaltliche Mathematik bezieht, ist ihr Sinn ein ganz anderer geworden, und sie ist durchaus nicht mehr mit dem Satz vom ausgeschlossenen Dritten gleichwertig.

Eine Einigung zwischen Intuitionismus und Formalismus ist durchaus möglich, vorausgesetzt, daß dieser sich auf den extremen formalhistorischen Standpunkt stellt, wie z. B. von v. NEUMANN [5] formuliert. BROUWER [24] hat einige Einsichten formuliert, deren allgemeine Anerkennung das Ende des Grundlagenstreites bedeuten würde; sie sind die folgenden:

1. „Die Einteilung der formalistischen Bemühungen in einen Aufbau des ‚mathematischen Formelbestandes‘ (formalistischen Bildes der Mathematik) und eine intuitive (inhaltliche) Theorie der Gesetze dieses Aufbaues sowie die Erkenntnis, daß für die letztere Theorie die intuitionistische Mathematik der Menge der natürlichen Zahlen unentbehrlich ist.“

Der erste Teil dieser Behauptung entspricht genau der HILBERTschen Auffassung. Nach dem in § 2, 3 (S. 38) Gesagten ist heute auch der zweite Teil der Forderung erfüllt. (Unter „intuitionistischer Mathematik“ verstehen wir hier, wie auch sonst, alle intuitiv klare Mathematik, also nicht nur die speziellen von den intuitionistischen Mathematikern ausgebildeten Theorien.) Das bedeutet nicht, daß die Formalisten die Berechtigung der intuitionistischen Mathematik anerkennen. Ihr Zweck ist, die intuitiven Bestandteile der Metamathematik möglichst einzuschränken; daher wird alles über die elementare Theorie der natürlichen Zahlen Hinausgehende, insbesondere die intuitionistische Kontinuumstheorie und Mengenlehre, von ihnen abgelehnt.

2. „Die Verwerfung der gedankenlosen Anwendung des logischen Satzes vom ausgeschlossenen Dritten sowie die Erkenntnis, erstens daß die Erforschung des Berechtigungsgrundes und des Gültigkeitsbereichs des genannten Satzes einen wesentlichen Gegenstand der mathematischen

Grundlagenforschung ausmacht, zweitens daß dieser Gültigkeitsbereich in der intuitiven (inhaltlichen) Mathematik nur die endlichen Systeme umfaßt."

Auch diese Einsicht ist von formalistischer Seite wiederholt klar ausgesprochen worden, z. B. von HILBERT ([8], S. 174).

3. „Die Identifizierung des Satzes vom ausgeschlossenen Dritten mit dem Prinzip von der Lösbarkeit jedes mathematischen Problems."

Diese Einsicht, die sich ausschließlich auf die intuitive Mathematik bezieht, dürfte von formalistischer Seite keinen Widerspruch hervorrufen; wie wir soeben andeuteten, ist sie in bezug auf das formale System selbst nicht notwendig richtig.

4. „Die Erkenntnis, daß die (inhaltliche) Rechtfertigung der formalistischen Mathematik durch den Beweis ihrer Widerspruchslosigkeit einen circulus vitiosus enthält, weil diese Rechtfertigung auf der (inhaltlichen) Richtigkeit der Aussage, daß aus der Widerspruchslosigkeit eines Satzes die Richtigkeit dieses Satzes folge, d. h. auf der (inhaltlichen) Richtigkeit des Satzes vom ausgeschlossenen Dritten beruht."

Es ist diese Einsicht, die zwar von extremen Formalisten wie v.NEUMANN (in seinen Arbeiten auf diesem Gebiet) geteilt wird, die aber mit der Auffassung von HILBERT selbst und der Mehrzahl seiner Schüler nicht in Einklang steht. Sie erblicken in dem Widerspruchsfreiheitsbeweis eine Art von inhaltlicher Rechtfertigung (vgl. § 2, **8**). Hierdurch ist der zwischen BROUWER und HILBERT strittige Punkt genau angegeben; so geringfügig er scheint, verbirgt er eine weitgehende Divergenz der Weltanschauung, die sich nicht leicht wird überbrücken lassen. Von der neuesten Theorie HILBERTS ([14]; s. oben § 2, **9**) sehen wir hier ab; sie kann vom intuitionistischen Standpunkt nicht gutgeheißen werden.

Für die formale Mathematik ist also ein Teilgebiet der intuitionistischen Mathematik unentbehrlich; für den Widerspruchsfreiheitsbeweis ist die vollständige Induktion notwendig. Aber selbst wenn man auf eine theoretische Betrachtung der Formeln, folglich auch auf den Widerspruchsfreiheitsbeweis, verzichtet, braucht man für das Verständnis der Operationsregeln die intuitionistische Mathematik der endlichen Mengen einschließlich des Begriffes der beliebigen endlichen Zahl.

Einerseits ist also die Möglichkeit der intuitionistischen Mathematik Voraussetzung für die Beweistheorie (prinzipiell genommen, denn tatsächlich waren die finiten Schlußweisen längst vor der Ausbildung der intuitionistischen Mathematik bekannt), andererseits enthält die formale Mathematik ein intuitionistisch interpretierbares Teilsystem. Es ist notwendig, dieses Verhältnis aufzuklären. HILBERT [8] nennt die inhaltlich interpretierbaren Formeln *reale Aussagen*, die übrigen *ideale Aussagen*; in der Beweistheorie werden die idealen Aussagen den realen adjungiert, in der gleichen Weise wie die komplexen Zahlen den reellen oder wie die KUMMERschen idealen Zahlen den Zahlen eines algebraischen Körpers.

Der Vergleich hinkt ein wenig, denn inhaltliche Sätze unterscheiden sich von Formeln in ganz anderer Weise als komplexe Zahlen von reellen, die doch entweder beide Produkte unseres Denkens oder beide Zeichen sein sollen. Die Sachlage wird vollständig geklärt durch eine von BROUWER ([1], S. 173) herrührende Betrachtung. Es werde eine inhaltliche Mathematik als *Mathematik erster Ordnung* vorausgesetzt. Ein Teil der Sätze und Beweisverfahren dieser Mathematik läßt sich mit Hilfe einer endlichen Anzahl von Zeichen formal wiedergeben; das so erhaltene formale System kann man nun, ohne auf den Sinn der Formeln achtzugeben, mathematisch betrachten. Dadurch entsteht ein inhaltliches mathematisches System, das zur HILBERTschen Metamathematik gehört und von BROUWER die *Mathematik zweiter Ordnung* genannt wird; es ist in der Mathematik erster Ordnung enthalten und kann darin durch Hinzufügung von neuen Elementen und Relationen erweitert werden, die den idealen Aussagen entsprechen.

Die Hoffnung, ein formales System bilden zu können, das die ganze intuitionistische Mathematik enthalten sollte, war philosophisch unbegründet (Abschnitt I, § 5, 1); doch kam es überraschend, als GÖDEL herleiten konnte, daß es in jedem System, für das man einen finiten Widerspruchsfreiheitsbeweis hat und welches die Zahlentheorie in sich schließt, Sätze gibt, die in dem System unbeweisbar, aber finit, also intuitionistisch beweisbar sind.

Hierdurch wurde auch die Antwort auf die Frage, welchen Wert die formale Mathematik für die intuitionistische hat, wesentlich beeinflußt. Man denke sich, die Formel $\mathfrak{F}$, welche, intuitionistisch interpretiert, den Satz $\mathfrak{S}$ ergibt, sei mittels der Beweisfigur $\mathfrak{B}$ in dem widerspruchsfreien formalen System $\mathfrak{A}$ bewiesen. Man denke sich weiter, daß aus $\mathfrak{S}$ durch eine inhaltliche Beweisführung $\mathfrak{R}$ ein Widerspruch hergeleitet sei; dann kann $\mathfrak{R}$ in $\mathfrak{A}$ nicht formalisierbar sein, weil $\mathfrak{A}$ als widerspruchsfrei vorausgesetzt ist. Solange die intuitionistische Mathematik nicht vollständig formalisierbar in $\mathfrak{A}$ ist, kann hieraus nicht auf die Unvereinbarkeit der beiden gemachten Annahmen geschlossen werden; d. h. nicht einmal die doppelte Negation einer formal beweisbaren, intuitionistisch interpretierbaren Behauptung braucht richtig zu sein. Allerdings läßt sich für spezielle Kategorien von Aussagen mehr behaupten. Es seien z. B. a und b intuitionistisch einwandfrei definierte reelle Zahlen, deren Definitionen sich in $\mathfrak{A}$ formalisieren lassen; die Formel $a = b$ sei in $\mathfrak{A}$ beweisbar. Nehmen wir einen Augenblick an, daß wir intuitionistisch die Verschiedenheit von a und b beweisen könnten in dem Sinn, daß die rationalen Intervalle α und β, die a bzw. b einschließen, außerhalb voneinander lägen. Dieser Beweis wäre, weil er nichts mehr als eine einfache Rechnung mit rationalen Zahlen enthielte, in $\mathfrak{A}$ formalisierbar, was nicht sein kann. Daher kann es Intervalle wie α und β nicht geben, so daß $a = b$ ist. Man erhält so den Satz:

Enthält das widerspruchsfreie formale System $\mathfrak{A}$ die elementare Arithmetik der rationalen Zahlen, so ist jede in $\mathfrak{A}$ beweisbare Gleichung zwischen reellen Zahlen auch intuitionistisch beweisbar.

Auf Grund dieses Satzes könnte die formale Mathematik, wenn es gelänge, den Widerspruchsfreiheitsbeweis noch etwas weiter zu führen, ein wichtiges Beweismittel für die intuitionistische Mathematik werden. Ob die Resultate den gewaltigen Umweg rechtfertigen würden, ist eine schwer zu beantwortende Frage; WEYL (Diskussionsbemerkungen zu HILBERT [11]) sagt hierüber, daß „in den meisten Fällen die Schwierigkeit nicht so sehr in der Auffindung des finiten Beweises (liegt) als darin, die Sätze der klassischen Mathematik überhaupt durch reale, für den Intuitionisten akzeptable Urteile auszufüllen". Daß die formale Mathematik heuristischen Wert auch für den Intuitionisten hat, ist sicher; diese Tatsache hat aber für ihn keine größere Bedeutung als jene, daß der Geometer sich in Neuland oft durch unstrenge „physikalische" Gedankengänge führen läßt und nachher die strengen Beweise gibt.

Dritter Abschnitt.

Andere Standpunkte.

§ 1. Verschiedene Richtungen.

Fast keine zwei Mathematiker stimmen in ihren Ansichten über die Grundlagen ihrer Wissenschaft vollständig überein; auch viele Philosophen wenden heute ihre Aufmerksamkeit der Mathematik zu. Auch wenn es möglich wäre, alle verschiedenen Standpunkte zu überblicken, so könnten wir sie hier doch nicht besprechen, weil die Argumente eines Philosophen meistens erst in dem Zusammenhang seines Systems verständlich sind. Wir nennen einige der umfangreicheren Arbeiten und gehen auf zwei Standpunkte etwas näher ein (§§ 2 und 3).

Die Auffassung der klassischen Mathematik vertritt HÖLDER [1]; sein Buch enthält eine Fülle von wichtigen Einzelbemerkungen, gelangt aber nicht zu einem eigenen Standpunkt. Viel mehr philosophisch orientiert ist die Arbeit von BRODÉN [1], die aber wenigstens in mathematischer Hinsicht ernsthafter Kritik nicht gewachsen sein dürfte. Das ältere Buch von J. KÖNIG [1] enthält sowohl philosophisch wie mathematisch bemerkenswerte Untersuchungen. KÖNIG entwickelte noch vor HILBERT ein rein formales System und führte dafür einen Widerspruchsfreiheitsbeweis genau im HILBERTschen Sinne; allerdings ist das formale System sehr wenig umfassend und diese Betrachtungen nehmen nur einen sehr kleinen Teil des Buches ein.

In Frankreich hat sich eine Schule von Philosophen gebildet, die die Mathematik vom empiristischen Standpunkt (im üblichen philosophischen Sinn, nicht im Sinn BORELS) betrachten. Eine Übersicht ihrer Betrachtungen findet man bei MEYERSON [1], der selbst eine vermittelnde Stellung zwischen Empirismus und Apriorismus einnehmen will. Über die mathematische Philosophie von MEYERSON kann man auch den Aufsatz von LICHTENSTEIN [1] lesen.

In § 2 behandeln wir die Auffassung von MANNOURY, die einen ersten Versuch darstellt, die Gegensätze zwischen Intuitionismus und Logizismus zu überbrücken. Dieser § 2 ist fast ganz von Herrn MANNOURY geschrieben; wir sind ihm hierfür zu großem Dank verpflichtet. § 3 ist den Auffassungen von PASCH gewidmet.

§ 2. MANNOURY.

Die Auffassungen MANNOURYs, welche einen stark relativistischen und pragmatistischen Charakter tragen, sind von ihm in erster Linie in den Schriften [1] und [2] niedergelegt. Für MANNOURY ist die Hauptsache, die Mathematik nicht als eine eigentliche Wissenschaft, noch weniger als eine vom Menschen und von menschlichen Zwecksetzungen unabhängige Wahrheit, sondern lediglich als eine *Lebenserscheinung* zu betrachten. Er unterscheidet dabei scharf zwischen der mathematischen *Erscheinungsform* oder formalistischen Mathematik und der mathematischen *Denkform* oder intuitionistischen Mathematik, wobei die erstere vollständig, die zweite teilweise sprachlicher Natur ist.

Aus diesem Standpunkte geht hervor, daß für MANNOURY die *empirische*, spezieller die *psychologische* Betrachtungsweise bei der Grundlagenfrage der Mathematik maßgebend ist und er die Axiomatik nicht als das eigentliche Anfangsstadium mathematischer Entwicklungen anerkennt, sondern den axiomatischen Betrachtungen sog. signifische oder psycho-linguistische Untersuchungen vorangehen und jene aus den Ergebnissen dieser Untersuchungen hervorgehen lassen will. Auch der Physik gegenüber stellt er sich auf den rein relativistischen Standpunkt, wie aus seiner Behauptung: „Physikalische und deshalb auch gesellschaftliche Erscheinungen sind als Funktionen psychologischer Erscheinungen ausdrückbar", deutlich hervorgeht.

Im allgemeinen nähert MANNOURYs Standpunkt sich am meisten dem BROUWERschen einerseits und demjenigen des Wiener Kreises andererseits. BROUWER gegenüber unterscheidet er sich durch eine weitergehende Skepsis in bezug auf den Wahrheitsgehalt der Mathematik; auch kann von intuitionistischer Seite eingewendet werden, daß die von MANNOURY geforderten psychologischen Untersuchungen die intuitionistische Mathematik zum Teil voraussetzen. Von den Ansichten der Wiener weicht MANNOURY ab durch seine Bevorzugung psychologischer Betrachtungen, die für ihn primär, für die Wiener Mathematiker mehr oder weniger sekundär sind. Als eine knappe

Zusammenfassung von MANNOURYS Auffassungen mag das folgende (aus dem Niederländischen übersetzte) Zitat gelten:

„Die Mathematik ist die kodifizierte Sprache des Besonderen, des Indikativen: der Bewußtseinsinhalte; die Mystik diejenige des Allgemeinen, des Emotionellen: der Seelenbewegungen. Beide aber sind inhaltsleer, solange die erstere sich auf das Besondere, die zweite auf das Allgemeine beschränkt. Das abstrakteste mathematische Theorem kann nicht formuliert werden, ohne den lebendigen Adam mit in Betracht zu ziehen, der die Geistesdinge benennt in der Absicht, sie zu beherrschen, und das abstrakteste Glaubensdogma umfaßt in seinen Prämissen dieselben Geistesdinge und dieselbe Absicht." ([2], S. 99.)

§ 3. Der „Empirismus" von PASCH.

Fast ein halbes Jahrhundert hindurch hat PASCH für seine Begründung der Mathematik, die er, wohl nicht dem üblichen Sprachgebrauch gemäß, eine empiristische nannte, gekämpft. Nach ihm soll die Mathematik ein Teil der Naturwissenschaft sein; ihre Begriffe sollen sich unmittelbar auf Wahrnehmbares stützen und ihre Sätze der Prüfung durch Erfahrung zugänglich sein. Von den anderen Naturwissenschaften unterscheidet sie sich dadurch, daß die Erfahrung nicht an jeder Stelle zur Prüfung abgeleiteter Sätze und zur Gewinnung neuer Erkenntnisse herangezogen wird. In einer mathematischen Disziplin werden alle der Erfahrung entnommenen Begriffe als *Kernbegriffe* vorangestellt; aus ihnen müssen alle anderen Begriffe durch Definitionen abgeleitet werden. Ebenso geht der eigentlichen Mathematik eine Aufzählung der unmittelbar aus der Erfahrung stammenden Sätze, der *Kernsätze*, voran. Die Kernbegriffe müssen so einfacher Natur sein, daß Mißverständnisse über ihren Inhalt praktisch ausgeschlossen sind; von den Kernsätzen wird gefordert, daß sie solche einfachste Erfahrungstatsachen wiedergeben, die jeder von uns täglich wieder prüfen kann, so daß ein Zweifel an ihrer Richtigkeit vernünftigerweise nicht denkbar ist. Das System der Kernbegriffe und Kernsätze wird der *Kern* der betreffenden Disziplin genannt. Die Aufstellung und Erläuterung des Kerns bildet den *vormathematischen* Teil der Disziplin; jedesmal, wo ein neuer Stoff zur Bearbeitung herangezogen wird, wie z. B. bei dem Übergang von der Geometrie zu der Kinematik, ist eine vormathematische Betrachtung notwendig. In dem eigentlich mathematischen Teil werden aus den Kernsätzen auf rein deduktivem Weg neue Sätze abgeleitet, die dann auch ohne vorhergehende Prüfung die gleiche Zuverlässigkeit für die Erfahrung besitzen wie die Kernsätze selbst; die Unfehlbarkeit der Logik steht für PASCH außer Frage. Nicht mit Unrecht macht er seinen Vorgängern die Lückenhaftigkeit ihrer Deduktionen zum Vorwurf; er stellt sich die Aufgabe, den Kern so zu vervollständigen, daß in dem *starren Teil* auch nicht stillschweigend neue Erfahrungsbegriffe oder Erfahrungsergebnisse herangezogen zu werden brauchen.

Zunächst versuchte PASCH dieses Programm für die Geometrie zu verwirklichen [1]. Die Kernbegriffe definiert er auf empirischer Grundlage; z. B. die Punkte als diejenigen Körper, deren Teilung sich mit den Beobachtungsgrenzen nicht verträgt. Damit auch die Kernsätze anschauliche Bedeutung haben, beschränkt er sich zunächst auf die Geometrie in einem endlichen Gebiet, das erst später durch die Einführung von mittels Strahlenbündeln definierten uneigentlichen Punkten zu dem projektiven Raum ergänzt wird — an sich eine bedeutende mathematische Leistung. Der Lückenlosigkeit des Aufbaus nähert er sich durch seine Axiomatisierung der Ordnungsbeziehungen, ein wichtiger Fortschritt an Strenge.

Schon kurz nachher stellte PASCH sich die Aufgabe, die Analysis in analoger Weise wie die Geometrie zu begründen; erst 1909 gab er seine Lösung an. Eine ausführliche Darstellung der grundlegenden Betrachtungen enthält die Abhandlung [6]. An den Kern der Arithmetik werden noch höhere Anforderungen in bezug auf Einfachheit und Einhelligkeit gestellt als an denjenigen der Geometrie, denn während die Widerspruchslosigkeit des letzteren aus derjenigen der Arithmetik gefolgert werden kann, muß der Kern der Arithmetik aus sich selbst heraus beurteilt werden. PASCH betrachtet die Widerspruchsfreiheit der Arithmetik als durch ihre Zurückführung auf einen Kern genügend gewährleistet. Als Kernbegriffe wählt er solche, die nicht nur für die Arithmetik, sondern für die Bildung irgendwelcher Erfahrung unentbehrlich sind, die sog. *kombinatorischen* Begriffe. Es sind im wesentlichen die folgenden:

1. *Ding*, d. h. wahrnehmbarer Gegenstand.
2. *Geschehnis*. Geschehnisse sind Dinge.
3. *Angabe* eines Dings, eine besondere Art von Geschehnis.
4. *Eigenname*. Alle Namen sind Dinge.
5. *Sammelname*, d. h. gemeinsamer Name für angegebene Dinge.
6. *Früheres* oder *späteres* Geschehnis.
7. *Unmittelbar folgendes* Geschehnis.
8. *Kette* von Geschehnissen; d. i. das Ding, zu dem sich irgendwelche Geschehnisse, die ich erlebt habe, zusammenfassen lassen.

Um die Art der Kernsätze zu kennzeichnen, greifen wir einige beliebig heraus.

„*Kernsatz.* Einem Ding, dem ein Eigenname erteilt ist, kann noch ein anderer Eigenname erteilt werden. Dies kann für dasselbe Ding beliebig wiederholt werden.“

„*Kernsätze.* Ist a ein Geschehnis, b ein anderes, so ist entweder a früher als b oder b früher als a. Ist a früher als b, so ist b nicht früher als a.“

„*Kernsätze.* Nach jedem Geschehnis kann ich ein Ding angeben, das noch nicht angegeben war. Nach irgendwelchen Angaben A irgendwelcher Dinge kann ich ein Ding angeben, das nicht Gegenstand einer Angabe A war."

„*Kernsätze.* Sind Geschehnisse A angegeben, so kann ein und nur ein Ding $\mathfrak{A}$ angegeben werden, das die Kette der A ist. $\mathfrak{A}$ ist nicht auch Kette anderer Geschehnisse. Die Kette ist kein Geschehnis."

Sind die Bestandteile der Kette $\mathfrak{A}$ Angaben von durchweg verschiedenen Dingen, den Dingen A, so heißt $\mathfrak{A}$ auch die *Rotte* der Dinge A. Als Kernsatz wird eingeführt, daß es nach der Rotte (d. h. nach den Angaben, die Bestandteile von $\mathfrak{A}$ sind) möglich ist, $\mathfrak{A}$ *abzuschreiten*, d. h. alle Glieder der Rotte der Reihe nach noch einmal anzugeben; diese Möglichkeit besteht auch dann noch, wenn auf die Rotte ein Geschehnis G gefolgt ist. Dieser Kernsatz enthält die vollständige Induktion für endliche Mengen. Die Rotte $\mathfrak{A}$ ist durch ihre Glieder nicht eindeutig bestimmt, so daß sie die Menge ihrer Glieder nicht ersetzen kann. Um zu einem brauchbaren Mengenbegriff zu gelangen, führt PASCH die folgende Definition ein: „Von den Dingen A, die in der Rotte $\mathfrak{A}$ enthalten sind, wird auch gesagt, daß sie *in dem Ding M enthalten* sind; M heißt die *Sammlung* der Dinge A." Durch diese Definition wird der Dingbegriff erweitert; das Wort *Ding* hat von hier an keine feste Bedeutung mehr, sondern diese ändert sich bei jeder Einführung einer Sammlung. PASCH betont, daß die Definition implizit ist, weil sie den Gebrauch des Wortes Ding in seiner neuen Bedeutung zunächst nur in dem Zusammenhang der oben kursiv gedruckten Worte zuläßt; er erläutert sorgfältig, daß die früher eingeführten Kernsätze auch bei der neuen Bedeutung richtig bleiben.

Aus den Kernsätzen wird nun die Theorie der endlichen Mengen aufgebaut. Die Begriffe *mehr* und *weniger* werden mittels Zuordnungen zwischen Sammlungen definiert. Sind beliebige Sammlungen M angegeben, so gibt es eine Rotte $\mathfrak{Z}$, die mehr Elemente enthält als alle M; die Glieder von $\mathfrak{Z}$ können dann als Zahlen für die M dienen. Für die Zahlen werden nun die Namen des dekadischen Systems eingeführt.

Trotzdem diese Entwicklung ganz im Endlichen verläuft, glaubt PASCH nun sagen zu können, der Name *natürliche Zahl* sei Gemeinname für unendlich viele Dinge. Es wäre jedenfalls konsequenter, zu sagen, daß die Bedeutung dieses Namens sich ändert bei jeder Erweiterung der Rotte $\mathfrak{Z}$; will man alle natürlichen Zahlen zugleich als angegebene Dinge betrachten, so muß man über einen dem Begriff der Zahlenreihe äquivalenten Begriff verfügen können.

Der Mengenbegriff wird auf unendliche Gesamtheiten ausgedehnt, indem von allen Dingen, die den Gemeinnamen D besitzen, gesagt wird, sie gehören *dem Ding M* an; M ist die *Menge* der D. Auch hier gilt, daß das Wort *Ding* seine Bedeutung bei der Einführung jeder Menge ändert; eine Menge aller Dinge kann es daher nicht geben. Ebensowenig existiert die Menge aller Mengen, weil auch der Begriff Menge seinen

Inhalt erst durch die Einführung einzelner Mengen erhält. Die Menge entsteht erst durch ihre Definition, und diese setzt die Elemente der Menge voraus; eine Menge kann sich selbst nicht als Element enthalten. Durch diese Bemerkungen zeigt PASCH, daß in seinem System die bekannten mengentheoretischen Paradoxien nicht auftreten. Inwieweit sich die Mengenlehre aufbauen läßt, ist nicht untersucht; es wäre dazu wohl notwendig, die Bedeutung der Worte *angegebenes Ding* näher zu präzisieren. .

In späterer Zeit hat PASCH versucht, seiner Untersuchung eine mehr intuitionistische Richtung zu geben, indem er die von KRONECKER herrührende Forderung, alle Begriffe, bei deren Definition der Beweis der Entscheidbarkeit fehlt, seien zu verwerfen, anerkannte [5]. Denjenigen Teil der Mathematik, der ihr genügt, nennt er *perfekt*, das übrige *imperfekt*. Die imperfekte Mathematik dient nur als „Arbeitshypothese"; sie ist nicht logisch unanfechtbar. Als Ansatz zur Ausführung dieses Programms führt er den Kernsatz ein, daß es immer entscheidbar sei, ob zwei Wortgefüge dieselbe Aussage einkleiden oder nicht. Im KRONECKERschen Sinn gilt dieser Kernsatz nur für eine sehr beschränkte Klasse von Aussagen; sobald die beiden betrachteten Wortgefüge Definitionen von reellen Zahlen enthalten, braucht er nicht mehr erfüllt zu sein. Die KRONECKERsche Forderung ist aber wohl überhaupt unerfüllbar.

Die axiomatische Begründung der Mathematik, wie sie von HILBERT durchgeführt wird, betrachtete PASCH als eine innermathematische Untersuchung; weil .aber den HILBERTschen Grundbegriffen und Axiomen die, von HILBERT auch gar nicht angestrebte, Evidenz im Erfahrungsgebiet fehlt, bilden sie keinen brauchbaren Kern für die Mathematik. PASCH übersah, daß der von HILBERT eingeschlagene Weg der einzige war, auf dem sich die auch von ihm geforderte Lückenlosigkeit innerhalb der Axiomatik verwirklichen ließ. In jedem empirischen System bleiben Begriffe übrig (wie z. B. bei PASCH der Begriff „ich"), deren Gebrauch nicht durch Kernsätze geregelt ist, während ihre philosophische Analyse zu nicht geringeren Schwierigkeiten führt, als in den besser untersuchten Begriffen liegen.

Vierter Abschnitt.

Mathematik und Naturwissenschaft.

§ 1. Einleitung.

Die Mathematik ist so eng mit der Naturwissenschaft verwachsen, daß wir diesen Zusammenhang hier nicht übergehen können; eine ausführliche Behandlung der hiermit zusammenhängenden Fragen würde aber weit über den Rahmen dieses Artikels hinaus in das Gebiet der Philosophie führen. Wir beschränken uns auf die Frage, wie die Vertreter der heute führenden Richtungen sich die Anwendung der Mathematik auf die Wirklichkeitserkenntnis denken. In einer Hinsicht stimmen sie überein, so daß man es heute fast als communis opinio der Mathematiker betrachten kann, daß die Sätze der reinen Mathematik nichts über die Wirklichkeit aussagen; in allem, was über diese rein negative Einsicht hinausgeht, laufen die Meinungen weit auseinander. Daß es also doch eine gewisse gemeinsame Grundlage für die Diskussion gibt, verdanken wir wohl zu einem großen Teil dem Einfluß von POINCARÉ, der in seinen bekannten Büchern [1, 2, 3, 4] das Verhältnis der Mathematik zur Naturwissenschaft, insbesondere der mathematischen zur physikalischen Geometrie wiederholt ausführlich behandelt hat. Er bekämpfte die Meinung, daß die Erfahrung uns direkt mathematische Sätze übermitteln kann; durch schlagende Beispiele zeigte er, wie derselbe physikalische Sachverhalt in sehr verschiedenen mathematischen Systemen beschrieben werden kann; welches System wir wählen, wird vor allem durch den Wunsch nach einer möglichst einfachen Naturbeschreibung bestimmt. Die Axiome der Geometrie sind also nach POINCARÉ „des conventions", willkürliche Festsetzungen, die wir machen, um das Verhalten der starren Körper möglichst einfach beschreiben zu können, und Ähnliches gilt für die Grundannahmen der Mechanik und der Physik. Die Entwicklung der Physik in den Jahren nach POINCARÉS Tod hat starke Argumente für diese seine Theorie geliefert. Einige Forscher haben versucht, sie zu einer Begründung der Mathematik umzugestalten: Die ganze Mathematik bestehe aus willkürlichen Annahmen, die nichts anderes bezwecken als eine möglichst einfache Naturbeschreibung. Diese Theorie ist darum nicht haltbar, daß sie der Mathematik keinen Gegenstand läßt; dieser kann nämlich nicht in den Naturobjekten liegen, weil über die Natur keine willkürliche Annahmen gemacht werden können. Es muß also eine reine Mathematik vorausgesetzt werden; die Willkür liegt in der Zuordnung, die zwischen bestimmten Erfahrungen und bestimmte mathematische Systeme gelegt wird; sie betrifft nicht die Mathematik selbst. Auch für POINCARÉ gab es eine reine Mathematik, die aus der Intuition der natürlichen Zahlen aufgebaute Analysis; obgleich er über den Zusammenhang der Analysis mit der Erfahrungswissenschaft nicht viel geschrieben hat, ist es wahrscheinlich, daß er diesen in dem oben angegebenen Sinn verstand; dafür spricht seine Äußerung ([1], Kap. II), daß der Geist Systeme von Symbolen schaffe; diese Macht werde nur beschränkt durch den Zwang, Widersprüche zu vermeiden, er gebrauche sie aber nur, wenn die Erfahrung ihn dazu veranlasse.

Wichtig war noch die Bemerkung, daß der Weg von den unmittelbaren Erfahrungsergebnissen zu dem Begriff des physischen Raumes und zu den physikalischen Theorien viel länger ist, als man gewöhnlich meint. Unzählige Gesichts- und Tastempfindungen müssen verarbeitet werden, bevor wir imstande sind, bestimmte Wahrnehmungen als Bewegungen starrer Körper zu deuten. Die ausführlichen Untersuchungen, die POINCARÉ anstellt über die Frage, wie dieser Übergang zustande kommt ([1], Kap. IV; [2], Kap. III; [3], 2. Buch, Kap. I), gehören zu den schönsten Teilen seiner philosophischen Schriften; sie sind leider nur wenig fortgesetzt worden. Wir können hier diese Untersuchungen nicht darstellen, sondern beschränken uns auf die Bemerkung, daß sie ein starkes Argument gegen jede empiristische Begründung der Mathematik liefern.

§ 2. Formale Mathematik und Erfahrung.

HILBERT hat über die Anwendung seiner Beweistheorie auf die Physik nur kurze Andeutungen gegeben. In 1918 schrieb er: „Alles, was Gegenstand des wissenschaftlichen Denkens überhaupt sein kann, verfällt, sobald es zur Bildung einer Theorie reif ist, der axiomatischen Methode und damit mittelbar der Mathematik" [5]; in 1930 [15] hat er ähnlichen Gedanken Ausdruck gegeben. Mehrmals betonte er, daß die Natur insoweit mit seiner Mathematik übereinstimmt, daß beide im strengen Sinn endlich sind; sowohl in der Natur wie in dem Denken findet sich das Unendliche nirgends realisiert. Ausführlicher als HILBERT hat DUBISLAV [2] dargelegt, wie sich die Einordnung von Erfahrungsergebnissen in ein formales System denken läßt. Er denkt sich den Inhalt der betreffenden Erfahrungswissenschaft zunächst in bestimmte Aussagen niedergelegt, die dann durch Formeln des mathematischen Kalkuls, die ihre Struktur vollständig wiedergeben, ersetzt werden; nötigenfalls werden zu den Zeichen des Kalkuls geeignete Konstanten hinzugefügt. Den Axiomen des Kalkuls werden die den Grundvoraussetzungen der betreffenden Disziplin und geeigneten Wahrnehmungsaussagen entsprechenden Formeln adjungiert; diese Erweiterung betrifft eben die zu dem Kalkul hinzugefügten Konstanten. Aus dem erweiterten Axiomensystem werden nun gemäß den Regeln des Schließens neue Formeln gewonnen, denen wieder Aussagen der untersuchten Wissenschaft entsprechen. Indem man untersucht, ob die so erhaltenen Aussagen wirkliche Sachverhalte zum Ausdruck bringen, prüft man die Theorie auf ihre Richtigkeit. So erscheint eine Wirklichkeitswissenschaft als ein mit einer Deutung versehener Kalkul. Insbesondere ist die Geometrie innerhalb der Mathematik ein reiner Kalkul, in dem die verschiedenen möglichen Geometrien gleichberechtigt nebeneinander stehen; daneben gibt es die Geometrie des wirklichen Raumes als eine Deutung eines bestimmten geometrischen Kalkuls.

Wesentlich tiefer und radikaler ist die Auffassung WEYLS [6, 7]; dieser erblickt in der Anwendungsmöglichkeit der formalen Mathematik erst ihre Rechtfertigung; ohne jene wäre diese nichts als ein sinnloses Spiel mit Zeichen. Nur diejenigen mathematischen Theorien haben Daseinsberechtigung, die anwendungsfähig sind; um dieses von Anfang an zu verbürgen, muß man die Mathematik vollständig mit der Naturwissenschaft verschmelzen. Sie tritt nicht mehr als Kalkul der Erfahrung gegenüber, sondern nimmt Teil an der „symbolischen Struktur der Welt". Nicht ein Einzelergebnis einer Theorie, sondern nur das Ganze der physikalischen Theorien einschließlich ihrer mathematischen Formulierung ist der experimentellen Prüfung zugänglich. So wäre es denkbar, daß man einmal „das τ als Mittel zur theoretischen Konstruktion des Kontinuums verwerfen" wird, „wie NEWTONS absoluter Raum verworfen wurde". Betrachtet man die Mathematik für sich allein, so wird man auf die intuitionistische Mathematik, die dem Bereich der „Besinnung" angehört, geführt; Erkenntnis über die Natur wird aber erst durch praktisches Handeln gewonnen sein. Die HILBERTsche Mathematik in ihrer Anwendung auf die Naturwissenschaft gehört diesem Bereich des Handelns an.

§ 3. Intuitionistische Mathematik und Erfahrung.

BROUWERS Auffassung der Mathematik ist mit seiner Weltauffassung eng verbunden. Für ihn ist jedes Denken, nicht nur das wissenschaftliche, mit mathematischen Elementen durchsetzt. Wir Menschen greifen aus dem Fluß der Empfindungen Einzeltatsachen heraus; wir erkennen Folgen von Ereignissen, die sich regelmäßig wiederholen. Die Entdeckung solcher „kausalen Folgen" erlaubt uns, schon bei einem früheren Glied unser Handeln den folgenden Gliedern anzupassen; sie ist dadurch eine scharfe Waffe in dem Kampf um das Dasein. Die Bildung von kausalen Folgen geschieht in aktiver Tätigkeit des Intellekts; sie entspricht der Bildung von Anfangssegmenten der Zahlenreihe in der Mathematik. Während in dem alltäglichen Gebrauch dieser Fähigkeit die mathematischen Begriffe nicht anders als in engster Verbindung mit bestimmten Empfindungskomplexen auftreten, kann die Fähigkeit, mathematische Systeme ohne direkte Beziehung zur Wirklichkeit zu bilden, systematisch geübt werden. In der reinen Mathematik werden derartige abstrakte mathematische Systeme gebildet, deren sich nachher die Wissenschaften, vor allem die Naturwissenschaften, in der Weise bedienen, daß sie ein solches System aussuchen oder unter Verwendung der vorliegenden Systeme selbst aufbauen, in welches sich möglichst viele wirklich auftretende kausale Folgen hineinfügen lassen. In der Entwicklung der Wissenschaft wird der Teil des zugrunde gelegten mathematischen Systems, der wirklich beobachtbaren Tatsachen entspricht, immer kleiner; in den modernen Theorien dient weitaus der größere Teil zur Vereinheitlichung und zum Erreichen besserer Übersichtlichkeit der Theorie.

Keine wissenschaftliche Theorie ist absolut zuverlässig; die Bemerkung ist wichtig, daß diese heute allgemein verbreitete Wahrheit in ihrem strengen Sinn auch für die allereinfachsten Anwendungen der Arithmetik gilt. Daß $2 \times 2 = 4$, ist in der Wirklichkeit nur für solche Gegenstände richtig, die gewissen Anforderungen bezüglich ihrer Beständigkeit genügen; ob sie das tun werden, darüber besitzen wir nur wissenschaftliche, nicht mathematische Gewißheit. Die arithmetischen Begriffe können darum nicht aus der Erfahrung stammen. Dem widerspricht aber nicht, daß die Erfahrung uns zu der Bildung dieser Begriffe veranlaßt.

In Abschnitt I hoben wir hervor, daß es eine von der Analysis unabhängige Geometrie nicht gibt; die einzige autonome Geometrie ist die analytische. Ihre Anwendung auf die Wirklichkeit ist nach dem oben Gesagten klar. Nun hat sich aber historisch der Zusammenhang zwischen Geometrie und Erfahrung nicht gemäß dem obigen Schema hergestellt, sondern die Geometrie hat ein sehr langes vormathematisches Stadium durchlaufen. Dieser Werdegang kann auch bei anderen Naturwissenschaften beobachtet werden. Bevor die Wissenschaft vollständig mit einer analytisch-mathematischen Theorie verbunden werden kann, wird sie zu einem axiomatischen System gemacht. Es erhebt sich die Frage, welcher Sinn vom intuitionistischen Standpunkt mit diesen Bildungen verbunden werden kann. Hierin kann vielleicht die folgende Betrachtung einiges Licht bringen. Faßt man die geometrischen Sätze als Ausdrücke physikalischer Tatsachen auf, so können viele dieser Sätze je in einem endlichen mathematischen System wiedergegeben werden: so liegt dem Satz von der Gleichheit der Basiswinkel im gleichschenkligen Dreieck das System von zwei Mengen aus je drei Elementen zugrunde. Auch ausgedehntere Theorien können in einem relativ einfachen endlichen System gedeutet werden; das läßt sich z. B. leicht einsehen für die Theorie der Kongruenz, zu deren Verständnis es ebensowenig notwendig ist, die zu vergleichenden Figuren in einen Raum einzubetten, wie es zu einer Formulierung der Fallgesetze notwendig war, zunächst das Kontinuum aller möglichen Fallbewegungen zu bilden. War den Griechen also die Bildung einzelner geometrisch-physikalischer Theorien in dieser Weise möglich, der Versuch, diese zu einer einzigen mathematisch begründeten Theorie zu vereinigen, mußte an dem Fehlen einer ausgebildeten Arithmetik scheitern. Sie halfen sich dadurch, daß sie das fehlende mathematische System einfach fingierten; der Sinn der euklidischen Geometrie kann nicht anders als hypothetisch gefaßt werden: Angenommen, daß in einem mathematischen System die Axiome gelten, so gelten in ihm auch die Lehrsätze. Wahrscheinlich haben alle Axiomatiker vor HILBERT sich der Täuschung hingegeben, daß ihre Beweisführungen auf das empirische Material selbst Bezug nahmen; die Einsicht, daß exaktes Denken über empirische Daten unmöglich ist, verdanken wir erst der modernen Erkenntnistheorie.

Diese Betrachtungen beziehen sich auch auf die modernen Axiomatisierungen physikalischer Theorien. Die axiomatische Methode ist vorteilhaft, erstens wenn das zu verwendende mathematische System noch nicht endgültig feststeht, wie es im Anfang der Entwicklung der Relativitätstheorie der Fall war, und erst angegeben werden soll, welchen Anforderungen das zu suchende System genügen soll; zweitens wenn verschiedene mathematische Systeme gleichberechtigt nebeneinander stehen, wie heute in der Quantenmechanik, und die Untersuchung. uns zeigen soll, welche Teile jedes Systems als wesentlich für die Theorie betrachtet werden müssen. Im ersten Fall ist das axiomatische Stadium vorübergehend, im zweiten ist die axiomatische Betrachtung nur eine Hilfsuntersuchung.

Zum Schluß fassen wir den BROUWERschen Standpunkt zur Naturwissenschaft in den folgenden Sätzen zusammen:

1. Die reine Mathematik ist eine freie Schöpfung des Verstandes und hat an sich keinerlei Beziehung zu Erfahrungstatsachen.

2. In dem einfachen Konstatieren einer Erfahrungstatsache ist immer die Bildung eines mathematischen Systems einbegriffen.

3. Die Methode der Naturwissenschaft besteht darin, die in den Einzelerfahrungen enthaltenen mathematischen Systeme in einem zu diesem Zweck aufgebauten rein mathematischen System zu vereinigen.

Der Weg von den allereinfachsten mathematischen Systemen, die in den Einzelerfahrungen und Meßresultaten enthalten sind, zu den großen physikalischen Theorien ist ein sehr langer, und wir sind weit davon entfernt, ihn vollständig überblicken zu können. Hier ordnen sich die Untersuchungen von POINCARÉ (vgl. den Schluß von § 1) ein.

§ 4. Vergleichung der beschriebenen Standpunkte.

Die Einigung, die im rein mathematischen Gebiet zwischen Intuitionismus und Formalismus erreicht werden konnte, ist auf dem Gebiet der Anwendungen unerreichbar. Von intuitionistischer Seite kann behauptet werden, daß alle anderen Versuche, die Anwendung der Mathematik auf die Wirklichkeit zu erklären, die intuitionistische Lösung dieses Problems voraussetzen, denn sie gehen sämtlich von einer bereits in bestimmten Aussagen niedergelegten, d. h. intuitionistisch mathematisierten Wirklichkeitserkenntnis aus. Die formalistische Methode gelingt erst, nachdem die intuitionistisch-mathematischen Systeme, in die die Wirklichkeit eingefangen wird, schon ziemlich weit entwickelt sind. Es ist für den Intuitionismus nicht einzusehen, weshalb von einem bestimmten Punkt an der natürliche Weg, auf welchem diese Systeme zu einem einzigen zusammenzufließen suchen, verlassen wird, um sie auf ein mit größter Mühe künstlich erbautes formales System abzubilden. Hierdurch entsteht die Gefahr, daß durch unbegründete Interpretation des an sich bedeutungslosen Kalkuls die wirkliche Erkenntnis beeinträchtigt wird; jedenfalls erschwert das Vorschieben des Formalen die Untersuchung.

Vom formalistischen Standpunkt aus kann als Ziel der Physik die Beherrschung der Natur hervorgehoben werden. Wenn dieses Ziel mittels der formalen Methoden erreicht wird, ist kein Argument gegen sie stichhaltig. Außerdem sieht WEYL in der „symbolischen Konstruktion" der Welt die Befriedigung unseres Dranges nach konstruktivem Handeln, der neben dem Bereich der Besinnung seine Rechte hat.

So sehen wir, daß die Meinungen über diese Fragen weit auseinanderlaufen; eine Einigung hierüber liegt noch in weiter Ferne.

Nachwort.

Es ist mir eine angenehme Pflicht, bei der Vollendung dieses Berichtes Herrn Prof. Dr. H. SCHOLZ (Münster i. W.) meinen Dank auszusprechen für die freundliche Weise, in der er seine Bibliothek zu meiner Verfügung stellte. Das Nachschlagen der Literatur wurde mir dadurch sehr erleichtert.

Den Herren Dr. G. F. C. GRISS (Doetinchem) und Dr. ARNOLD SCHMIDT (Göttingen) danke ich für ihre Hilfe bei der Korrektur. Der letztgenannte hat nicht nur manchen Verstoß gegen die deutsche Sprache verbessert, sondern auch durch sachliche Bemerkungen den Bericht wesentlich gefördert. Seine Hilfe war um so dankenswerter, als er dem Inhalt meiner Ausführungen an verschiedenen Stellen nicht zustimmen konnte.

Enschede, Juli 1934.

A. HEYTING.

Literaturverzeichnis.

I. Blätter für Deutsche Philosophie Bd. 4 Heft 3—4. Philosophische Grundlegung der Mathematik. Berlin 1930.

II. Erkenntnis Bd. 1 Heft 2—4. 'Bericht über die 1. Tagung für Erkenntnislehre der exakten Wissenschaften in Prag 1929. Leipzig 1930.

III. Erkenntnis Bd. 2 Heft 2—3. Bericht über die 2. Tagung für Erkenntnislehre der exakten Wissenschaften in Königsberg 1930. Leipzig 1931.

IV. Krise und Neuaufbau in den exakten Wissenschaften. Fünf Wiener Vorträge. Leipzig u. Wien 1933.

ACKERMANN, W. [1]: Begründung des „tertium non datur" mittels der HILBERTschen Theorie der Widerspruchsfreiheit. Math. Ann. Bd. 93 (1924) S. 1—36; [2]: Zum HILBERTschen Aufbau der reellen Zahlen. Math. Ann. Bd. 99 (1928) S. 118—133; [3]: Über die Erfüllbarkeit gewisser Zählausdrücke. Math. Ann. Bd. 100 (1928) S. 638—649; ACKERMANN, W., u. D. HILBERT: Siehe HILBERT.

BALDUS, R. [1]: Formalismus und Intuitionismus in der Mathematik. (Rede.) Karlsruhe 1924.

BARZIN, M., u. A. ERRERA [1]: Sur la logique de M. BROUWER. Bull. Acad. Sci. Belg. 1927 S. 56—71; [2]: Sur le principe du tiers exclu. Arch. Soc. belge Phil. Bd. 1 (1929) Heft 2.

BECKER, O. [1]: Mathematische Existenz. Halle a. d. S. 1927. Auch: Jb. für Philosophie und phänomenologische Forschung Bd. 8.

BELINFANTE, M. J. [1]: Über einen Grenzwertsatz aus der Theorie der unendlichen Folgen. Math. Ann. Bd. 101 (1929) S. 312—315; [2]: Zur intuitionistischen Theorie der unendlichen Reihen. S.-B. preuß. Akad. Wiss. 1929 S. 639—660. [3]: Über eine besondere Klasse von non-oszillierenden Reihen. Proc. Akad. Wet. Amsterdam Bd. 33 (1930) S. 1170—1179; [4]: Absolute Konvergenz in der intuitionistischen Mathematik. Proc. Akad. Wet. Amsterdam Bd. 33 (1930) S. 1180—1184; [5]: Die HARDY-LITTLEWOODsche Umkehrung des ABELschen Stetigkeitssatzes in der intuitionistischen Mathematik. Proc. Akad. Wet. Amsterdam Bd. 34 (1931) S. 401—412; [6]: Über die Elemente der Funktionentheorie und die PICARDschen Sätze in der intuitionistischen Mathematik. Proc. Akad. Wet. Amsterdam Bd. 34 (1931) S. 1395—1397.

BERNAYS, P. [1]: Über HILBERTS Gedanken zur Grundlegung der Arithmetik. Jber. Deutsch. Math.-Vereinig. Bd. 31 (1922) S. 10—19; [2]: Axiomatische Untersuchung des Aussagenkalkuls der „Principia mathematica". Math. Z. Bd. 25 (1926) S. 305—320; [3]: Zusatz zu HILBERTS Vortrag über „Die Grundlagen der Mathematik". Abh. math. Semin. Hamburg. Univ. Bd. 6 (1928) S. 89—92; [4]: Die Philosophie der Mathematik und die HILBERTsche Beweistheorie. Bl. für deutsche Philosophie Bd. 4 (1930) S. 326—367. Auch in I; [5]: Methoden des Nachweises von Widerspruchsfreiheit und ihre Grenzen. Verh. Int. Math. Kongreß Zürich II S. 342.

BERNAYS, P., u. D. HILBERT: Siehe HILBERT.

BETSCH, C. [1]: Fiktionen in der Mathematik. Stuttgart 1926.

BOREL, E. [1]: Leçons sur la théorie des fonctions. 3. Aufl. Paris 1928; [2]: Sur les ensembles effectivement énumerables. Atti Accad. naz. Lincei, Rend. Bd. 28 (1919) S. 163—165; [3]: Méthodes et problèmes de la théorie des fonctions. Paris 1922.

BOUTROUX, P. [1]: L'idéal scientifique des mathématiciens. Paris 1920. Deutsche Ausgabe Leipzig u. Berlin 1927; [2]: Les mathématiques. Paris 1922.

BRODÈN, T. [1]: Eine realistische Grundlegung der Mathematik. Lund. Univ.
    Årsskr. Bd. 20 (1924) Nr. 1.
BROUWER, L. E. J. [1]: Over de grondslagen der wiskunde. Amsterdam-Leipzig
    1907; [2]: De onbetrouwbaarheid der logische principes. Tijdschr. voor wijs-
    begeerte Bd. 2 (1908). Nachgedruckt in [9]; [3]: Over de grondslagen der
    wiskunde. Nieuw Arch. Wiskde (2) Bd. 9 (1910); [4]: Intuitionisme en for-
    malisme. Groningen 1912. Nachgedruckt in [9]. Englische Übersetzung:
    Bull. Amer. Math. Soc. Bd. 20 (1913); [5]: Addenda en corrigenda over de
    grondslagen der wiskunde. Nieuw Arch. Wiskde (2) Bd. 12 (1918); [6]: Be-
    gründung der Mengenlehre unabhängig vom logischen Satz vom ausgeschlosse-
    nen Dritten. Verhandelingen Akad. Wet. Amsterdam Bd. 12 (1918 u. 1919)
    Nr. 5 u. 7; [7]: Intuitionistische Mengenlehre. Jber. Deutsch. Math.-Vereinig.
    Bd. 28 (1919) S. 203—208; auch Proc. Akad. Wet. Amsterdam Bd. 23 S. 949
    bis 954; [8]: Besitzt jede reelle Zahl eine Dezimalbruchentwicklung? Versl.
    Akad. Wet. Amsterdam Bd. 29 S. 803—812; auch Proc. Akad. Wet. Amster-
    dam Bd. 23 S. 955—964; auch Math. Ann. Bd. 83 (1920) S. 201—210; [9]: Wis-
    kunde, waarheid, werkelijkheid. Groningen 1919; [10]: Begründung der Funk-
    tionenlehre unabhängig vom logischen Satz vom ausgeschlossenen Dritten.
    Verhandelingen Akad. Wet. Amsterdam Bd. 13 (1923) Nr. 2; [11]: Beweis,
    daß jede volle Funktion gleichmäßig stetig ist. Proc. Akad. Wet. Amsterdam
    Bd. 27 (1924) S. 189—193; [12]: Bemerkungen zum Beweise der gleichmäßigen
    Stetigkeit voller Funktionen. Proc. Akad. Wet. Amsterdam Bd. 27 (1924)
    S. 644—646; [13]: Über die Zulassung unendlicher Werte für den Funktions-
    begriff. Proc. Akad. Wet. Amsterdam Bd. 27 (1924) S. 248; [14]: Über die
    Bedeutung des Satzes vom ausgeschlossenen Dritten in der Mathematik, ins-
    besondere in der Funktionentheorie. J. reine angew. Math. Bd. 154 (1924)
    S. 1—7; [15]: Intuitionistische Ergänzung des Fundamentalsatzes der Algebra.
    Proc. Akad. Wet. Amsterdam Bd. 27 (1924) S. 631—634; [16]: Intuitionistische
    Zerlegung mathematischer Grundbegriffe. Jber. Deutsch. Math.-Vereinig.
    Bd. 33 (1925) S. 251—256; [17]: Bewijs van de onafhankelijkheid der ont-
    trekkingsrelatie van de versmeltingsrelaties. Versl. Akad. Wet. Amsterdam
    Bd. 33 (1924) S. 479—480; auch Zur intuitionistischen Zerlegung mathemati-
    scher Grundbegriffe. Jber. Deutsch. Math. Vereinig. Bd. 36 S. 127—129;
    [18]: Zur Begründung der intuitionistischen Mathematik. Math. Ann. Bd. 93
    S. 244—257; Bd. 95 S. 453—473; Bd. 96 S. 451—488 (1925—1926); [19]: In-
    tuitionistischer Beweis des JORDANschen Kurvensatzes. Proc. Akad. Wet.
    Amsterdam Bd. 28 (1925) S. 503—508; [20]: Intuitionistische Einführung des
    Dimensionsbegriffes. Proc. Akad. Wet. Amsterdam Bd. 29 (1926) S. 855—863;
    [21]: Die intuitionistische Form des HEINE-BORELschen Theorems. Proc.
    Akad. Wet. Amsterdam Bd. 29 (1926) S. 866—867; [22]: Virtuelle Ordnung
    und unerweiterbare Ordnung. J. reine angew. Math. Bd. 157 (1926) S. 255
    bis 257; [23]: Über Definitionsbereiche von Funktionen. Math. Ann. Bd. 97
    (1926) S. 60—75; [24]: Intuitionistische Betrachtungen über den Formalismus.
    Proc. Akad. Wet. Amsterdam Bd. 31 S. 374—379; auch S.-B. preuß. Akad.
    Wiss. 1927 S. 48—52; [25]: Beweis, daß jede Menge in einer individualisierten
    Menge enthalten ist. Proc. Akad. Wet. Amsterdam Bd. 31 (1927) S. 380—381;
    [26]: Mathematik, Wissenschaft und Sprache. Mh. Math. Phys. Bd. 36 (1929)
    S. 153—164; [27]: Willen, weten, spreken. Euclides Bd. 9 (1933) S. 177—193;
    [28]: Die Struktur des Kontinuums. Wien 1930.
BROUWER, L. E. J., u. B. DE LOOR [1]: Intuitionistischer Beweis des Fundamental-
    satzes der Algebra. Proc. Akad. Wet. Amsterdam Bd. 27 (1924) S. 186—188.
BRUNSVICQ, L. [1]: Les étapes de la philosophie mathématique. 2. Aufl. Paris 1922
CARNAP, R. [1]: Bericht über Untersuchungen zur allgemeinen Axiomatik. Er-
    kenntnis Bd. 1 (1930) S. 303—307.

DINGLER, H. [1]: Philosophie der Logik und Arithmetik. München 1931.

DUBISLAV, W. [1]: Elementarer Nachweis der Widerspruchslosigkeit des Logik-Kalküls. J. f. Math. Bd. 161 S. 107—112; [2]: Die Philosophie der Mathematik in der Gegenwart. Berlin 1932.

ENRIQUES, F. [1]: Zur Geschichte der Logik. Deutsche Ausgabe Leipzig u. Berlin 1927.

EUWE, M. [1]: Mengentheoretische Betrachtungen über das Schachspiel. Proc. Akad. Wet. Amsterdam Bd. 32 (1929) S. 633—644.

FRAENKEL, A. [1]: Zu den Grundlagen der CANTOR-ZERMELOschen Mengenlehre. Math. Ann. Bd. 86 (1922) S. 230—237; [2]: Untersuchungen über die Grundlagen der Mengenlehre. Math. Z. Bd. 22 (1925) S. 250—273; [3]: Axiomatische Theorie der geordneten Mengen. J. reine angew. Math. Bd. 155 (1926) S. 129 bis 158; [4]: Axiomatische Theorie der Wohlordnung. J. reine angew. Math. Bd. 167 (1931) S. 1—11; [5]: Zehn Vorlesungen über die Grundlegung der Mengenlehre. Wissenschaft und Hypothese XXXI. Leipzig u. Berlin 1927; [6]: Einleitung in die Mengenlehre. 3. Aufl. Berlin 1928.

GEIGER, M. [1]: Systematische Axiomatik der Euklidischen Geometrie. Augsburg 1924.

GENTZEN, G. [1]: Untersuchungen über das logische Schließen. Math. Z. (erscheint demnächst).

GLIVENKO, V. [1]: Sur la logique de M. BROUWER. Bull. Acad. Sci. Belg. 1928 S. 225—228; [2]: Sur quelques points de la logique de M. BROUWER. Bull. Acad. Sci. Belg. 1929 S. 183—188.

GÖDEL, K. [1]: Einige metamathematische Resultate über Entscheidungsdefinitheit und Widerspruchsfreiheit. Anz. Akad. Wiss., Wien 1930 Nr. 19; [2]: Über formal unentscheidbare Sätze der Principia mathematica und verwandter Systeme I. Mh. Math. Phys. Bd. 38 (1931) S. 173—198; [3]: Zum intuitionistischen Aussagenkalkül. Anz. Akad. Wiss., Wien 1932 Nr. 7; [4]: Zur intuitionistischen Arithmetik und Zahlentheorie. Erg. math. Kolloqu. 1933 Heft 4 S. 35—38; [5]: Eine Interpretation des intuitionistischen Aussagenkalküls. Erg. math. Kolloqu. 1933 Heft 4 S. 39—40.

GONSETH, F. [1]: Les fondements des mathématiques. Paris 1926.

HERBRAND, J. [1]: Sur la théorie de la démonstration. C. r. Acad. Sci., Paris Bd. 186 (1928) S. 1274—1276; [2]: Non-contradiction des axiomes arithmétiques. C. r. Acad. Sci., Paris Bd. 188 (1929) S. 303—304; [3]: Sur le problème fondamental des mathématiques. C. r. Acad. Sci., Paris Bd. 189 (1929) S. 554 bis 556; [4]: Les bases de la logique hilbertienne. Rev. de métaphysique et de morale Bd. 37 (1930) S. 243—255; [5]: Recherches sur la théorie de la démonstration. Thèses de la faculté des sciences de Paris 1930; auch Trav. Soc. d. Sc. e. L. Warschau 1930 S. 33—160; [6]: Sur le problème fondamental de la logique mathématique. C. r. Soc. d. Sc. e. L. Warschau, Klasse III Bd. 24 (1931); [7]: Sur la non-contradiction de l'Arithmétique. J. f. Math. Bd. 166 (1931) S. 1—8.

HEYTING, A. [1]: Intuitionistische Axiomatiek der projectieve Meetkunde. Groningen 1925; [2]: Die Theorie der linearen Gleichungen in einer Zahlenspezies mit nichtkommutativer Multiplikation. Math. Ann. Bd. 98 (1927) S. 465—490; [3]: Zur intuitionistischen Axiomatik der projektiven Geometrie. Math. Ann. Bd. 98 (1927) S. 491—538; [4]: De telbaarheidspraedicaten van Prof. BROUWER. Nieuw Arch. Wiskde (2) Bd. 16 2. Teil (1929) S. 47—58; [5]: Die formalen Regeln der intuitionistischen Logik. S.-B. preuß. Akad. Wiss. 1930 S. 42—56; [6]: Die formalen Regeln der intuitionistischen Mathematik. S.-B. preuß. Akad. Wiss. 1930 S. 57—71 u. 158—169; [7]: Sur la logique intuitionniste. Bull. Acad. Sci. Belg. 1930 S. 957—963; [8]: Die intuitionistische Grundlegung der Mathematik. Erkenntnis Bd. 2 (1931) S. 106—115.

HILBERT, D. [1]: Grundlagen der Geometrie. 1. Aufl. 1899. 7. Aufl. Leipzig u.
  Berlin 1929; [2]: Mathematische Probleme. Vortrag, gehalten auf dem inter-
  nationalen Mathematikerkongreß in Paris 1900. Arch. d. Math. u. Physik (3)
  Bd. 1 (1901); [3]: Über den Zahlbegriff. Jber. Deutsch. Math.-Vereinig. Bd. 8
  (1900); auch Anhang VI in [1]; [4]: Über die Grundlagen der Logik und der
  Arithmetik. Verh. des III. internationalen Mathematiker-Kongresses in Heidel-
  berg 1904; auch Anhang VII in [1]; [5]: Axiomatisches Denken. Math. Ann.
  Bd. 78 (1918) S. 405—419; [6]: Neubegründung der Mathematik. Abh. math.
  Semin. Hamburg. Univ. Bd. 1 (1922) S. 157—177; [7]: Die logischen Grund-
  lagen der Mathematik. Math. Ann. Bd. 88 (1923) S. 151—165; [8]: Über das
  Unendliche. Math. Ann. Bd. 95 (1925) S. 161—190; auch Anhang VIII in [1];
  [9]: Über das Unendliche. (Auszug aus dem vorigen.) Jber. Deutsch. Math.-
  Vereinig. Bd. 36 (1927) S. 201—215; [10]: Die Grundlagen der Mathematik.
  Abh. math. Semin. Hamburg. Univ. Bd. 5 (1927); auch Anhang IX in [1];
  [11]: Dasselbe, Einzelausgabe. Hamb. math. Einzelschriften 5. Heft. Leipzig
  u. Berlin 1928. Mit Zusätzen von H. WEYL und P. BERNAYS; [12]: Probleme
  der Grundlegung der Mathematik. Math. Ann. Bd. 102 (1929) S. 1—9; auch
  Anhang X in [1]; [13]: Die Grundlegung der elementaren Zahlenlehre. Math.
  Ann. Bd. 104 (1931) S. 485—494; [14]: Beweis des Tertium non datur. Nachr.
  Ges. Wiss. Göttingen, Kl. I 1931 Nr. 22 S. 120—125; [15]: Naturerkennen und
  Logik. Verh. Ges. dtsch. Naturforsch. 1931 S. 959—963.
HILBERT, D., u. W. ACKERMANN [1]: Grundzüge der theoretischen Logik. Berlin 1928.
HILBERT, D., u. P. BERNAYS [1]: Grundlagen der Mathematik. 1. Band. Berlin 1934.
HÖLDER, O. [1]: Die mathematische Methode. Berlin 1924.
KAUFMANN, F. [1]: Das Unendliche in der Mathematik und seine Ausschaltung.
  Leipzig u. Wien 1930; [2]: Bemerkungen zum Grundlagenstreit in Logik und
  Mathematik. Erkenntnis Bd. 2 (1931) S. 262—290.
KOLMOGOROFF, A. [1]: Zur Deutung der intuitionistischen Logik. Math. Z. Bd. 35
  (1932) S. 58—65.
KÖNIG, J. [1]: Neue Grundlagen der Logik, Arithmetik und Mengenlehre. Leipzig 1914.
KRONECKER, L. [1]: Über den Zahlbegriff. Werke III 1, S. 249 ff.
KURATOWSKI, C. [1]: Sur la notion d'ensemble fini. Fundam. Math. Bd. 1 (1920)
  S. 130—131.
LÉSNIEWSKI, S. [1]: Grundzüge eines neuen Systems der Grundlagen der Mathe-
  matik. Fundam. Math. Bd. 14.
LÉVY, P. [1]: Sur le principe du tiers exclu. Rev. métaphys. morale Bd. 33 (1926)
  S. 253—258; [2]: Critique de la logique empirique. Rev. métaphys. morale
  Bd. 33 (1926) S. 545—551; [3]: Logique classique, logique brouwerienne et
  logique mixte. Bull. Acad. Sci. Belg. 1927 S. 256—266.
LICHTENSTEIN, L. [1]: La philosophie des mathématiques selon M. ÉMILE MEYER-
  SON. Rev. philosophique Bd. 113 (1932) S. 171—206.
LINDENBAUM, A. [1]: Bemerkung zu den vorhergehenden Bemerkungen des Herrn
  J. V. NEUMANN. Fundam. Math. Bd. 17 (1931) S. 335—336.
LOOR, B. DE [1]: Die hoofstelling van die algebra van intuisionistiese standpunt.
  Amsterdam 1925.
LOOR, B. DE, u. L. E. J. BROUWER: Siehe BROUWER.
ŁUKASIEWICZ, J. [1]: Ein Vollständigkeitsbeweis des zweiwertigen Aussagenkalküls.
  C. R. Soc. Sci. Varsovie Bd. 24 (1932) S. 153—183.
LUSIN, N. [1]: Leçons sur les ensembles analytiques. Paris 1930; [2]: Sur un
  problème de M. ÉMILE BOREL et les ensembles projectifs de M. HENRI LEBES-
  GUE; les ensembles analytiques. C. r. Acad. Sci., Paris Bd. 180 (1925) S. 1318
  bis 1320.
MANNOURY, G. [1]: Methodologisches und Philosophisches zur Elementarmathe-
  matik. Haarlem 1909; [2]: Mathesis en mystiek. Amsterdam 1925; franz.

Übersetzung: Les deux pôles de l'esprit. Paris 1933; [3]: Woord en gedachte, een inleiding tot de significa. Groningen 1931; [4] Die signifischen Grundlagen der Mathematik. Erkenntnis (erscheint demnächst).

MENGER, K. [1]: Bemerkungen zu Grundlagenfragen I—IV. Jber. Deutsch. Math.-Vereinig. Bd. 37 (1928) S. 213—226 u. 298—325; [2]: Der Intuitionismus. Bl. Deutsche Phil. Bd. 4 (1930) S. 311—325.

MEYERSON, E. [1]: Du cheminement de la pensée. Paris 1931.

NEUMANN, J. v. [1]: Eine Axiomatisierung der Mengenlehre. J. reine angew. Math. Bd. 154 (1925) S. 219—240; [2]: Zur HILBERTschen Beweistheorie. Math. Z. Bd. 26 (1927) S. 1—46; [3]: Die Axiomatisierung der Mengenlehre. Math. Z. Bd. 27 (1928) S. 669—752; [4]: Über eine Widerspruchsfreiheitsfrage in der axiomatischen Mengenlehre. J. reine angew. Math. Bd. 160 (1929) S. 227—241; [5]: Die formalistische Grundlegung der Mathematik. Erkenntnis Bd. 2 (1931) S. 116—121; [6]: Bemerkungen zu den Ausführungen von Herrn St. LÉSNIEWSKI über meine Arbeit „Zur HILBERTschen Beweistheorie". Fundam. Math. Bd. 17 (1931) S. 335—336.

PASCH, M. [1]: Vorlesungen über neuere Geometrie. Leipzig 1882. 3. Aufl. Berlin 1926; [2]: Grundlagen der Analysis. Leipzig 1909; [3]: Veränderliche und Funktion. Leipzig 1914; [4]: Mathematik und Logik. 2. Aufl. Leipzig 1924; [5]: Die Forderung der Entscheidbarkeit. Jber. Deutsch. Math.-Vereinig. Bd. 27 (1919) S. 228—232; [6]: Der Ursprung des Zahlbegriffs. I. Arch. Math. Phys. Bd. 28 (1920) S. 17—34; II. Math. Z. Bd. 11 (1921). Neudruck Berlin 1930; [7]: Betrachtungen zur Begründung der Mathematik. I. Math. Z. Bd. 20 (1924) S. 166—171; II. Math. Z. Bd. 25 (1926) S. 231—240; [8]: Mathematik am Ursprung. Leipzig 1927.

POINCARÉ, H. [1]: La science et l'hypothèse. Paris 1902. 3. Deutsche Ausgabe 1914; [2]: La valeur de la science. Paris 1905. Deutsche Ausgabe 1921; [3]: Science et méthode. Paris 1908. Deutsche Ausgabe 1914; [4]: Dernières pensées. Paris 1913.

RICHARD, J. [1]: Considérations sur la logique des ensembles. Rev. métaphysique morale Bd. 27 (1920) S. 355—369.

SIERPIŃSKI, W. [1]: Sur les ensembles de points qu'on sait définir effectivement. Verh. Int. Math.-Kongreß Zürich 1932 I S. 280—287.

SKOLEM, TH. [1]: Einige Bemerkungen zur axiomatischen Begründung der Mengenlehre. Wissensch. Vortr. 5. Kongreß Skand. Math. Helsingfors 1922.

TARSKI, A. [1]: Sur les ensembles finis. Fundam. Math. Bd. 6 (1924) S. 45—95; [2]: Sur les ensembles définissables de nombres réels. Fundam. Math. Bd. 17 (1931) S. 210—239.

WAVRE, R. [1]: Y a-t-il une crise des mathématiques? Rev. métaphysique morale Bd. 31 (1924) S. 435—470; [2]: Logique formelle et logique empiriste. Rev. métaphysique morale Bd. 33 (1926) S. 65—75; [3]: Sur le principe du tiers exclu. Rev. métaphysique morale Bd. 33 (1926) S. 425—430; [4]: Sur les propositions indémontrables. Enseignement math. Bd. 27 (1928) S. 321—324.

WEYL, H. [1]: Das Kontinuum. Leipzig 1918. Neudruck 1932; [2]: Der circulus vitiosus in der heutigen Begründung der Analysis. Jber. Deutsch. Math.-Vereinig. Bd. 28 (1919) S. 85—92; [3]: Über die neue Grundlagenkrise der Mathematik. Math. Z. Bd. 10 (1919) S. 39—79; [4]: Randbemerkungen zu Hauptproblemen der Mathematik. Math. Z. Bd. 20 (1924) S. 131—150; [5]: Die heutige Erkenntnislage in der Mathematik. Erlangen 1926; [6]: Philosophie der Mathematik und Naturwissenschaft. Handb. der Philosophie, Abt. II Heft 1. München u. Berlin 1927; [7]: Die Stufen des Unendlichen. (Vortrag.) Jena 1931.

ZERMELO, E. [1]: Untersuchungen über die Grundlagen der Mengenlehre. I. Math. Ann. Bd. 65 (1908) S. 261—281.